U0172881

第二次青藏高原综合科学考察研究项目（2019QZKK0403）

中央高校基本科研业务费专项资金　　联合资助

川 藏 行

——第二次青藏高原综合科学考察日志

董治宝　南维鸽　杨林海　主编

陕西师范大学出版总社

图书代号　ZH22N0970

图书在版编目（CIP）数据

川藏行：第二次青藏高原综合科学考察日志 / 董治宝，南维鸽，杨林海主编. — 西安：陕西师范大学出版总社有限公司，2022.8
ISBN 978-7-5695-3061-2

Ⅰ . ①川…　Ⅱ . ①董…　②南…　③杨…　Ⅲ . ①青藏高原 — 科学考察 — 日记　Ⅳ . ①N82

中国版本图书馆CIP数据核字（2022）第125249号

川藏行——第二次青藏高原综合科学考察日志

CHUANZANGXING DI-ER CI QINGZANG GAOYUAN ZONGHE KEXUE KAOCHA RIZHI

董治宝　南维鸽　杨林海　主编

责任编辑	冯新宏	
责任校对	张俊胜	
封面设计	鼎新设计	
出版发行	陕西师范大学出版总社	
	（西安市长安南路199号　邮编 710062）	
网　址	http://www.snupg.com	
经　销	新华书店	
印　刷	陕西龙山海天艺术印务有限公司	
开　本	700 mm×1000 mm　1/16	
印　张	14.75	
插　页	4	
字　数	210千	
版　次	2022年8月第1版	
印　次	2022年8月第1次印刷	
书　号	ISBN 978-7-5695-3061-2	
定　价	98.00元	

读者购书、书店添货如发现印刷装订问题，请与本社高等教育出版中心联系。
电　话：（029）85303622（传真）　85307862

序　言

　　2020年暑期，我有幸带领陕西师范大学的青年教师与学生参与"第二次青藏高原综合科学考察研究"，承担子专题"重大建设工程的生态风险与生态修复"中的"青藏高原人类重大建设工程生态风险及其生态修复措施"科考任务，为揭示青藏高原环境变化机理，优化生态安全屏障体系，推动青藏高原可持续发展，推进国家生态文明建设，促进全球生态环境保护做贡献。

　　青藏高原横亘于亚洲内陆，东西长2800千米，南北宽300—1500千米，总面积约250万平方千米，平均海拔在4000米以上，具有显著的地理屏障作用，并对全球环境产生深远的影响。青藏高原影响大气环流，使西风气流分支绕流、东亚季风止于东部边缘、南亚季风艰难爬升，从而造就了中国的三大地理区，并影响全球的地理格局。青藏高原独特的地形还能对南亚季风和东亚季风产生放大效应，使青藏高原的生态环境对全球气候变化的响应极为敏感。而且，青藏高原本身就是地球上一个独特的地理单元：具有极其年轻的自然发育历史，形成了全球最高、最年轻且紧密结合的水平地带性和垂直地带性。所以，青藏高原是一个极具科学诱惑力的地区。可是，青藏高原的高寒环境一直是科学研究的障碍，直至20世纪后期，其神秘的面纱才被揭开。1973年，国家成立中国科学院青藏高原综合科学考察队，中国科学家首次对青藏高原进行了大规模的科学考察，考察项目包括地质、地球物理、地貌与第四纪、古脊椎动物与古人类、动植物、农业等50多个学科，获得的大量第一手资料填补了青藏高原科学研究的空白，该科学研究曾一度引领全世界。在全球气候变化的大背景下，青藏高原的生态功能与屏障作用成为科学界和社会关注的重大问题。党的十八大从新的历史起点出发，做出"大力推进生态文明建设"的战略决策，针对生态环境问题，国家于2017年启动了"第二次青藏高原综合科学考察研究",要对青藏高原的水、生态、人类活动等环境问题进行全面的考察研究,深入分析青藏高原的环境变化对人类社会发展的影响,提出青藏高原生态安全屏障功能保护和第三极国家公园建设方案,这是中国科学界的一次重大行动。

　　陕西师范大学科考队于2020年7月25日至8月19日执行了年度科考任务,由董治宝教授担任学术指导,南维鸽副教授任队长,队员包括陕西师范大学地理科学与旅游学院的师生和其他保障人员共20余人。科考队从川藏北线(国道317)入藏,自川藏南线(国道318)出藏,行程数千千米,克服高原反应、水土不服、天气骤变、道路塌方、车辆故障等重重困难,最终圆满完成了此次科考任务。科考队员以饱满的精神状态和对科学的执着追求,以理性的好奇和求新精神,以强烈的社会责任感和使命感,弘扬了科学精神和"五个特别"的青藏高原精神,关注细节,志存高远。本科考日志记录了这次科考的点点滴滴,反映了科考队员对科考工作的激情和收获的喜悦。希望该日志能够唤起读者爱科学、爱西藏、爱祖国的热情!

中国地理学会副理事长
陕西师范大学副校长　董治宝

目　录

● 第一部分　科考纪实 / 001

科考第1天　整装齐发 / 005

科考第2天　拜水都江堰 / 006

科考第3天　翻越雀儿山 / 009

科考第4天　江达会议 / 012

科考第5天　玉龙铜矿 / 016

科考第6天　在江达县 / 018

科考第7天　赶路 / 022

科考第8天　道路调查 / 024

科考第9天　拉萨会议 / 026

科考第10天　特殊生日 / 030

科考第11天　山南之行 / 032

科考第12天　旁多水利枢纽工程（一）/ 034

科考第13天　旁多水利枢纽工程（二）/ 037

科考第14天　昌果乡爬坡沙丘 / 039

科考第15天　罗布莎铬铁矿 / 044

科考第16天　卧龙镇爬坡沙丘 / 046

科考第17天　林芝会议 / 048

科考第18天　雅鲁藏布江大峡谷 / 056

科考第19天　最美鲁朗 / 058

科考第20天　穿越怒江大峡谷 / 062

科考第21天　翻越横断山 / 064

科考第22天　康定草原 / 066

科考第23天　成都会议 / 068

科考第24天　疗养修整 / 071

科考第25天　翻越秦岭 / 072

科考第26天　平安归来 / 074

● 第二部分　科考故事 / 075

　　1. 筹备工作 / 076

　　2. 大军出行　粮草必备 / 080

　　3. 跟着科学家去科考 / 083

　　4. 川藏感怀 / 088

　　5. 川藏行 / 094

　　6. 那些人 / 096

　　7. 糊涂羊湖行 / 102

　　8. 一碗"麻辣牛蹄筋" / 116

　　9. Braves / 119

　　10. 攀爬雅鲁藏布江爬坡沙丘 / 124

　　11. 途中科学问题 / 130

　　12. 科考收获 / 140

　　13. 考察亚洲第一大铜矿 / 149

　　14. 科考饮食 / 154

　　15. 高原畅想 / 158

　　16. 科考感悟 / 170

　　17. 破译青藏密码 / 173

　　18. 科考记略 / 180

　　19. 高原航拍记 / 186

● 第三部分　科考掠影 / 197

第一部分

科考纪实

科考时间：2020年7月25日至2020年8月19日（共26天）

科考队员：董治宝、南维鸽、胡光印、王浩、薛亮、杨林海、焦磊、肖锋军、刘小榛、李超、陈国祥、杨文慧、张军、王明道

司机队伍：付炜、涂建春、胡立安、付续德、袁国杰、方玲

2020年7月25日至8月19日，第二次青藏高原综合科学考察陕西师范大学"重大建设工程的生态风险与生态修复"科考分队，在科考分队总指挥董治宝教授的带领下，一行20人，驾乘5辆科考车，进行了为期26天的专题科学考察活动，沿川藏北线（国道317）进入，从川藏南线（国道318）返回，行程共计8000多千米，圆满完成了既定科考任务。

此次科考，是按照习近平总书记于2017年8月19日给在拉萨举行的第二次青藏高原综合科学考察研究启动仪式发来的贺信中的重要指示，从"道路、水电站、矿区"这三个重大建设工程在当地产生的生态风险及如何进行生态修复这一角度展开实地考察，聚焦人类活动对水、土、气、生的影响，从科学的角度综合分析重大建设工程的生态风险与生态修复。

科考行程及重要事件

日期	行程	事件	科考日历
2020年7月25日	西安出发	烟雨蒙蒙中地理科学与旅游学院领导集合在格物楼门口为大家壮行	科考第1天
2020年7月26日	绵阳—都江堰—马尔康	举行第一次会议"绵阳会议";考察都江堰	科考第2天
2020年7月27日	马尔康—炉霍—甘孜—雅砻江—崔儿山—德格	行走川西高原	科考第3天
2020年7月28日	德格—金沙江—江达	举行第二次会议"江达会议"	科考第4天
2020年7月29日	江达青泥洞乡	考察玉龙铜矿	科考第5天
2020年7月30日	江达—昌都市	道路沿岸样方调查	科考第6天
2020年7月31日	昌都—索县	赶路,偶遇网红寺庙孜珠寺	科考第7天
2020年8月1日	索县—那曲—拉萨	在丁青县进行道路沿线生物多样性调查	科考第8天
2020年8月2日	拉萨—曲水县曲水镇	举行第三次会议"拉萨会议";考察曲水县爬坡沙丘	科考第9天
2020年8月3日	拉萨	考察拉萨市拉鲁湿地生态公园;董治宝教授的高原生日晚宴	科考第10天
2020年8月4日	贡嘎	误入羊卓雍措,寻找黄土,发现湖相沉积大剖面	科考第11天
2020年8月5日	拉萨—林周	考察旁多水利枢纽工程	科考第12天
2020年8月6日	旁多水利枢纽工程管理局	会议座谈;收集资料	科考第13天
2020年8月7日	拉萨—曲松	贡嘎县昌果乡沙丘样品采集;下午与曲松县政府工作人员座谈	科考第14天
2020年8月8日	曲松	考察罗布莎镇西藏江南矿业股份有限公司	科考第15天
2020年8月9日	曲水江南矿业—卧龙镇—林芝	朗县卧龙镇沙丘	科考第16天
2020年8月10日	林芝—丹娘乡佛掌沙丘	考察佛掌沙丘;举行第四次会议"林芝会议"	科考第17天

日期	行程	事件	科考日历
2020年8月11日	林芝—米林	考察雅鲁藏布江大峡谷	科考第18天
2020年8月12日	林芝—波密—然乌镇	经过鲁朗小镇，观看盔甲山	科考第19天
2020年8月13日	八宿—怒江—邦达镇—左贡	路遇解放军抢修道路，考察怒江"七十二拐"	科考第20天
2020年8月14日	左贡—澜沧江—芒康—巴塘	穿越横断山高山峡谷，途经澜沧江大峡谷和美丽芒康，遇到各种网红行走川藏线	科考第21天
2020年8月15日	巴塘—金沙江—理塘—新都桥—康定	考察姊妹湖和美丽的康定草原	科考第22天
2020年8月16日	康定—泸定桥—成都	举行第五次会议"成都会议"	科考第23天
2020年8月17日	成都	休息一天	科考第24天
2020年8月18日	成都—青木川—汉中	考察秦岭青木川古镇	科考第25天
2020年8月19日	汉中—西安	返回西安	科考第26天

科考第 ① 天

整装齐发

　　7月25日，早晨8点整，陕师大格物楼前，科考队集合，整装待发。专业越野车5辆，专业车手5人，随从医护人员1名。地科院为科考队举行出征及授旗仪式，院党政班子成员参加了出征仪式。早上8：30，伴随着王浩老师的集结汇报完毕，董治宝老师一声令下，科考队伍出发了。

2020年7月25日出征仪式

科考第 ② 天

拜水都江堰

　　都江堰水利枢纽工程对成都平原发挥着防洪灌溉作用，是世界水资源利用工程的典范。中午12点多，我们到达景区门口才知道这里疫情期间按照平时的50%控制客流量，幸运的是我们今天可以买到门票进入景区。据记载，都江堰水利工程是战国时期秦国蜀郡太守李冰率众修建的，其以年代久、无坝引水为特征，是世界水利文化的鼻祖。这项工程主要由鱼嘴分水堤、飞沙堰溢洪道、宝瓶口进水口三大主体部分及百丈堤、人字堤等附属工程构成，科学地解决了江水自动分流（鱼嘴分水堤四六分水）、自动排沙（鱼嘴分水堤二八分沙）、控制进水流量（宝瓶口与飞沙堰）等问题，消除了水患。都江堰以其"历史跨度大、工程规模大、科技含量大、灌区范围大、社会经济效益大"的特点享誉中外，在政治上、经济上、文化上都有着极其重要的地位。之前有几位老师已经考察过都江堰，肖老师兴致勃勃地讲起带学生来这里实习的场景，他说每次来的时候，心情都不一样。从四周密密麻麻的游

①②③④ 都江堰
水利枢纽工程

客可以看出，骄阳似火的天气并没有削减人们对都江堰水利工程的迷恋。

都江堰水利工程位于都江堰市，该市地跨川西龙门山地带和成都平原岷江冲积扇扇顶部位，地貌单元属岷江冲积扇一级阶地。通过鸟瞰图，我发现都江堰市山、水、林、堰、桥浑然一体，城中有水、水在城中，展现了"灌城水色半城山"的布局特色（都江堰以前叫"灌县"）。因此，作为地理学者，我们有必要细细游览一番都江堰。

当天我们举行了此次科考过程中的第一次全体会议"绵阳会议"。会上，董老师就此次科考情况做了详细介绍，涉及此次科考的筹备情况、工作计划和具体内容等。董老师强调，要重点抓落实，并勉励全体队员珍惜此次难得的机会，结合自己的专长和研究兴趣，做到有所发现、有所收获。随后，科考队队长就此次考察的具体内容、每位队员的具体工作等情况作了详细的说明。

科考第（3）天

翻越雀儿山

　　从马尔康沿着脚木足河、杜柯河、色曲一路向西偏北，从色达到甘孜，离开亚青，经过艰难跋涉，我们终于到了雀儿山川藏公路垭口。雀儿山垭口海拔4889—5050米，为川藏

雀儿山

第一高、川藏第一险。目前雀儿山隧道已经贯通，我们本次行程就不能体验翻越5000多米的巍峨大山的惊险了。途中董老师兴致勃勃地讲起了他在2015年独自驾车到西藏沿川藏线翻越雀儿山的经历。他说，当时的路况非常险峻，真实体验了"爬上雀儿山，鞭子打着天"的情景。雀儿山就是雅砻江水系和金沙江水系的分水岭，同时把德格县一分为二。东部的雅砻江流域，是纯牧业地区；西部的金沙江沿岸，是半农半牧区。沿雅砻江一路向南，还是四川和西藏的天然界线。

　　途中可以观察到，随着高度的快速提升，山势变得愈发险峻。这一地带地形地貌变化明显，有极高山峰、低海拔冰川、深切峡谷、湍急河流、高寒草原、溪沟清泉，有着绝美的自然风光。与之相伴的则是纯朴的藏、羌、彝等少数民族的独特民俗。雀儿山山区海拔在5000米以上的雪峰有数十座之多，是康藏交通的要塞。山体由花岗岩侵入体构成，因流水、冰川等作用，石峰嶙峋，山脊呈锯齿状。董老师一路提醒我们抬头仰望，留意观察冰斗，我们看到山谷的重力堆积物时常成为公路两边的滑坡落石。付总是头车司机，要随时给后面的车辆报告路况，他在此路段不断发出警告：前面有塌方，小心落石！我心里默默地数着，在我们3个小时行程里面，他共预警了28次。我和董老师都注意到了"林带缠山腰"现象，董老师让查查这是什么原因。经过我核实，这就是我们课本上讲的林线倒置现象，也就是随高度上升，降水量递增，在半山腰出现了最大降雨量带，森林的出现就基于这条降水带。此外，在有雪山和冰川的地区，来自雪山和冰川的冷空气下沉，汇聚到河谷和盆地的底部，导致山上的气温比山下高，出现所谓的逆温现象，使得林线倒置。之前所学的很多理论知识通过野外考察，瞬时清晰了很多。

　　在沿途翻越雀儿山的过程中，我们也看到了在河谷地带人类的建设工程，特别是道路建设与河流共享空间资源的情形：道路挤占河流的空间，同时河流不断掏蚀河谷，道路在某种程度上会受到威胁。在这样的环境中，我们随时需要提防自然带来的威胁，比如山体滑坡、崩塌等现象。

①②③④ 雀儿山—德格
沿途的道路和植被

科考第（4）天

江达会议

　　德格县和江达县隔金沙江翘首相望。德格县地处金沙江、雅砻江上游，水资源丰富，主要河流有雅砻江水系的巴曲、玉曲等12条支流，雅砻江干流在德格境内流程165千米，流域面积6500平方千米，径流总量15.8亿立方千米。西部的金沙江水系有色曲、麦曲等5条支流，金沙江干流在德格境内流程156千米，流域面积4800平方千米，径流总量12.4亿立方千米。经德格县驶入江达县的时候，胡老师说，我们真正进入西藏地区了。江达县位于金沙江流域横断山脉的高山峡谷中，属于以藏族为主体的少数民族地区，是四川、青海、西藏三省（区）的接合部位，也是藏东的门户。到达江达县后，胡老师与西藏科考办联系，确定江达县农牧局为接洽单位。农牧局指派工作人员马家乔接待我们。我和胡老师把我们需要开展的工作作了介绍，小马积极协调其他部门。晚饭间与小马闲聊得知：江达县半农半牧，主要种植青稞、小麦、油菜、胡豆等。每个乡镇有大棚十余座，供应当地人所需的蔬菜。我们晚饭有一道菜为白参菌，饭店老板娘介绍，是她的老母亲从云南引进民间技术，使得白参菌在当地成功种植。该菜也成为她们饭店的一道招牌菜。这可谓是物种因人类活动而"入侵"。

　　江达会议是此次科考过程中的第二次全体会议，也是进入西藏之后的首次会议，意义重大。在会上，董老师就重大工程（道路、矿区、水电站）对生态环境的影响等方面给全体队员作了讲解和指点，启发大家进行学术思考，弄清楚上述影响是怎样起作用的，程度如何，还提及了生态风险评估模型的应用。接下来部署了次日的工作，鼓励队员以饱满的热情开展各项考察调研工作，把地理学及其相关科学知识串联起来融会贯通。

江达晨景

西藏解放第一村

科考第⑤天

玉龙铜矿

　　江达县玉龙铜矿是我们本次科学考察的第一个重点工程，位于西藏昌都市。铜矿公司允许我们在矿区拍照和采样，并提供了他们档案室的部分资料。在现场考察时，气温较低并有蒙蒙细雨，我们在雨中观测了玉龙矿区的全景，陪同的办公室主任给我们介绍了公司的概况及开采情况。

　　至此，我们对矿业资源的开发有了比较全面的认识，深感矿产资源的开发与我之前想象的有较大区别。目前玉龙矿业公司已经把当地的牧民全部迁移出了矿区。所谓的矿区，不仅仅是一座山那么简单，而是还包括好几座山及其周边的范围。矿业公司将尾矿堆放在建有大坝和防渗措施的库中，防止了其外泄而对生态产生的破坏，也便于未来选矿技术进步后的二次利用。道路两边进行了生态修复，主要有两种：第一种，将修建道路时铲掉的草皮重新铺在边坡上，这是比较理想的修复模式；第二种，重新种植植被，但需要选择适于该地区环境的耐高寒植物。对于正在作业的矿区，要待其全部的作业结束后才能进行修复。

①② 在玉龙铜矿考察与调研

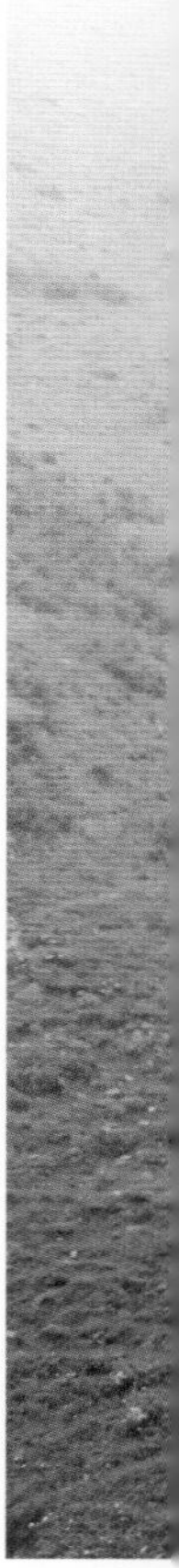

科考第6天

在江达县

早上整理资料，下午与江达县农牧局的马家乔联系，获取了江达县水利方面的资料并得知西藏政府机关上班时间为：上午9：30—13：00，下午15：30—19：00，要比内地的工作时间晚一些。

江达县的平均海拔在3500米以上，途中我们看到了高寒草甸。公路沿山体修建，绿绿的草场被公路切割，原来薄薄的土层被硬生生地切割开来，砂粒裸露，基岩暴露出来。我们在此路段选择合适的地方进行样方调查，发现没有切割的原生草地的土层厚度可达35厘米，有机质层厚度可达4厘米，被道路分割后，原生草皮会受到较大的影响。

有位老师发现在公路边上有特殊的岩石，刘小槺、肖锋军和董老师乘车回头去查看，有人认为这是始祖象的遗迹，具体情况还有待于专业人士的深入考究。

①②③ 道路两侧的植被

漫山遍野的植被呈斑块状分布，董老师说，那是冻融侵蚀所致。在青藏高原的高寒山地，特别是高山雪线附近，冻融侵蚀非常明显。由于山坡陡峭、土层浅薄，地面温度昼夜变化剧烈，冻融交替频繁，土体胀缩显著，地表草皮易于断裂蠕动，块状冻融岩土沿冻土坡面下滑、滚落现象普遍，就造成部分地区的植被死亡或者被侵蚀的情况。冻融是高寒冻土区塑造地形的主要力量。

疑似始祖象足迹化石

赶路

　　沿途经过了丁青县的网红景点孜珠寺，而我们能看到的恰好是孜珠寺的背影。孜珠寺位于海拔4800米的山崖上，是西藏海拔最高的寺院之一，也是雍仲本教最古老、最重要的寺庙之一。途中看到特殊的山体地貌，岩层间错位的地方，就有植物茁壮成长，让我钦佩生命的力量。

孜珠寺周边

科考第 8 天

道路调查

　　在丁青县进行道路沿线生物多样性的调查，队员们各司其职，积极开展各项工作。

于丁青县国道317旁进行样方调查

慢半拍的牦牛毫不畏惧到来的车辆

　　沿途，我们看到了植物生长底线。在高海拔地区，由于常年气温较低，如果超过一定的高度，积温不足，植物就无法生长。这是我们曾经在课本上学到的地理知识，这次科考才有幸见到了现实的情形。在高原上，所有的行动需要慢半拍，走路、跑步甚至干活，而动物们行动的节奏也是慢悠悠的，牛、羊、马悠闲地走着，面对突如其来的车辆，它们仍旧耷拉着头，不去理会。高原上氧气稀薄，人走几步，就气喘吁吁，跑起来更是困难，所以一般情况下，我们也都需要像高原上的人和动物那样慢慢地走。我们要开展工作，如打土钻取土样时，需要好几个小伙子轮番操作。

科考第⑨天

拉萨会议

　　拉萨。上午9：00。科考队举行会议。会上，董老师对近期的工作情况进行了总结。进入青藏高原的路线共有6条，青藏1条，川藏2条，滇藏2条，新藏1条。本次科考沿国道317进藏，从国道318出藏。从成都进入西藏，需翻越横断山区。横断山区为中国特殊的山区，它是世界上年轻的山群之一，且是中国最长、最宽和最典型的南北向山系群体（中国的山脉多是东西走向），与喜马拉雅山脉交会于南迦巴瓦峰。印度洋暖湿气流因为在进入中国境内时，被喜马拉雅山脉和冈底斯山脉这两条东西走向的高大山脉所阻挡，便沿南北走向的横断山脉进入中国，给青藏高原东南地区带来丰沛的雨水，对这里冰川发育、植物分布有重大影响。横断山的垂直地带性特征明显，同时许多大河都沿深大断裂发育，形成怒江、澜沧江、金沙江、雅砻江、大渡河、岷江6江并流的盛景。我们最近两天经过的主要地区是川西高原，其海拔4000—4500米，即青藏高原的东南缘。川西高原分为川西北高原和川西山地两部分。川西高原与成都平原的分界线便是雅安的邛崃山脉，山脉以西是川西高原。川西北高原分布在若尔盖、红原和阿坝一带。这一带是高山峡谷，农牧业发达。从索县开始真正进入青藏高原腹地。经过董老师讲解，我们对所经历的地貌才有了较为深刻的认识。随后，我对未来几天的工作安排作了详细的说明，包括土壤水分测定、生物多样性调查、资料收集。此行的考察对象重点有5个水电站、4个典型矿区以及国道。

拉萨会议

下午，我们考察曲水镇的爬坡沙丘。

董老师告诉我们，这个沙丘非常大，只因为它和我们的距离比较遥远，所以看着小。此时此刻，年轻的学者们已经按捺不住自己的好奇心，兴奋地奔向沙丘。在队员取样的过程中，我们和董老师在讨论这么大的沙丘到底是爬坡沙丘还是古沙丘活化，沙源物质到底是来源于河谷还是山腰……这些问题需要我们进行取样分析。

在等待队员们归队的时候，我们在烈日下左顾右盼，我在周边转悠的时候发现了一个爱心形状的灌丛沙丘，就把它献给我们这些疲倦的队员吧！

①②③④ 曲水县曲水镇的爬坡沙丘

科考第⑩天

特殊生日

上午，与胡光印老师去西藏自治区科技厅办理相关手续，才发现此时此刻在西藏的科考队已经有66个了，因为我们的编号是[2020]-66-1。在我们之后还有别的科考队在陆续办理相关手续。本次青藏高原综合科学考察，研究范围广、涉及机构多、涉及人员多，所以西藏自治区政府组建了专门的科考办公室，安排了接洽人员，一切都组织有序。办理完交接手续，我们加入了第二次青藏科考动态群，以便随时向科考管理办公室汇报本队的位置及具体工作。

下午考察拉鲁湿地生态公园。这是拉萨市区内最大的湿地公园，也是中国境内高度最高、面积最大的城市天然湿地。保护区总面积1220公顷。其核心区面积660公顷，缓冲区面积339公顷，实验区面积221公顷，主要保护对象为高寒湿地生态系统，号称"拉萨之肺"。当我们身处拉萨市的西北方向，看到布达拉宫的背影，此时的"世界屋脊上的明珠"是那么恬静和神秘。

今天恰好是董老师的农历生日。杨老师和胡老师提前作了部署，选择一个酒店给董老师过了一个有纪念意义的生日。这是董老师有生以来过的"地球最高处的一个生日"，同时也是他"血压最高的一个生日"。感谢董老师对我们工作的支持，坚持与我们一起完成整个科考工作！

特殊生日的主人公

科考第 ⑪ 天

山南之行

我们翻山越岭，到达羊卓雍措，看到清澈的湖水，所有的疲倦全部消失，大家激动地跑向湖边……

吃过午饭，驶向山南贡嘎县。沿着雅鲁藏布江前行，我们一路上看到了雅江南岸植被生长比较好，还有大量的沙砾堆积成的阶地。在贡嘎县境内，胡老师突然说："看右侧，有大面积的沉积地层出露。"车队停了下来，这时董老师第一个下车，直奔剖面，我们紧跟其后。董老师说："从这个剖面来看，这里的河道曾经可能发生过堵塞，形成的堰塞湖留下了这些特殊的地层，根据这个剖面有可能推测出过去某个时段雅江流域发生的环境变化情况。"胡光印老师和杨林海老师随即拿出取样工具，直奔剖面去采集样品。薛老师也启动了无人机进行全方位的拍照和摄像。

①②③④ 贡嘎县湖相沉积大剖面

美丽的羊湖

科考第 12 天

旁多水利枢纽工程（一）

　　早上与旁多水利枢纽工程李兴国总经理取得联系，商定由他们带路驱车去水利枢纽工程现场。该工程地处拉萨河中游河段，坝址位于林周县旁多乡，距拉萨市的直线距离约63千米。经过李总介绍，我们了解到旁多水利枢纽工程是一座以灌溉和发电为主，兼顾防洪和供水的大型水利枢纽工程，水库总库容12.3亿立方米，设计灌溉面积65.28万亩，装机容量16万千瓦。工程于2009年7月15日开工，2011年10月26日竣工。李总见证了该水利工程建设的完整过程，他如数家珍地给我们介绍整个工程，还带领我们参观了水电站的控制室、发电室和坝体。目前水电站的监控设备24小时不间断地监测着大坝内外的关键点，他们正在规划通过网络在拉萨市远程监控水电站的方案。

　　谈到生态环境方面的工作，李总更是兴奋不已，他介绍说，自大坝建立以来，大坝下游风速降低了，冬季水温上升，蒸发量增加，周边的植被有了较大的变化，灌木的高度增加了，半山坡的兰花

①② 旁多水利枢纽工程

到了时节会陆续开花，院内树木都茁壮成长。水电站院内有气象站，可以获得基本的水、温、气、湿、压等数据。参观结束，我们开始做调查工作，王浩老师和焦磊老师带领科考队员进行样方调查、土壤样品的采集等工作，我和胡老师负责收集水样。

在从水库取样的过程中，我们看到了水库边有一些塑料垃圾。李总解释说，这些垃圾来自拉萨河上游，是河水携带来的，他们目前每周清理的塑料垃圾有几十袋。随着交通越来越便利，青藏高原游客增加，倘若不采取相关的措施，垃圾逐渐增加，日积月累，势必影响当地的生态环境。

当天，刘小榬和他带领的两名队员在完成了山南贡嘎县湖相沉积的系统采样后来跟大部队会合。他们持续高强度工作了3天，取样400多个，所有人都被晒得黑黝黝的，但脸上洋溢着喜悦的神情。

科考第 13 天

旁多水利枢纽工程（二）

　　早上10：00，我们到达位于拉萨市区的旁多水利枢纽管理局，与相关人员开展座谈。董老师介绍了青藏高原综合科学考察的重要性、我们项目的工作目标、研究内容及本次考察旁多水利枢纽工程的重要意义。管理局郑忠明书记认真听取了董老师的介绍后，介绍了管理局的主要工作及取得的进展：旁多水利枢纽工程重视水环保、植被修复，努力减少光污染、噪声污染。他说，旁多水利枢纽工程是目前西藏第一个设立水污染处理系统的工程，也是西藏第一个大型水利工程，大坝防渗墙高148米，是世界上最高的水源保护工程。缘于水环保的措施，局部区域适度升温，一些灌木的高度增加，水体面积达到40平方千米，滋养了

①② **考察调研场景**

周边的植被。为保护拉萨河水生生物尤其是稀有鱼类，建立了鱼类增殖场，养殖特有鱼类。

随后我介绍了我们将要开展的工作，王浩老师作了补充。旁多水利枢纽工程管理局郑书记积极配合我们的工作，现场派工作人员从资料室筛选出我们需要的资料。

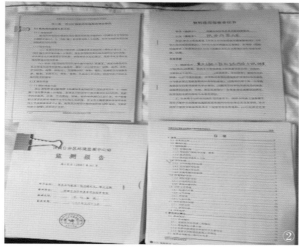

①② 考察调研场景

科考第 14 天

昌果乡爬坡沙丘

从拉萨出发，沿雅叶高速，转则贡高速、国道560，抵达曲松县。我们的考察目标是罗布莎铬铁矿。该铬铁矿是我国唯一的大型铬矿。关于矿产资源开发生态环境保护方面的资料，一般包括环评报告书、水土保持方案、水质监测报告、生态修复方案、风险评估等。这些资料保存在不同的部门，如交通管理局、水利建设局、自然资源厅、环保厅等。在到达曲松县之前，我就通过电话与曲松县相关部门取得了联系。到达曲松县后，我们直接去了县政府办公室，与相关部门的人员进行了座谈，了解了资料的大致情况。下午，在县政府相关部门的积极配合下，我们复印了相关资料。

从拉萨到曲松县途中，我们在山南市贡嘎县昌果乡看到了沙丘。一直迷恋

昌果乡爬坡沙丘

①②③ 昌果乡爬坡沙丘

②

　　沙漠的董教授走到沙丘的面前眉飞色舞地讲起沙丘地貌，并叮嘱我们记住爬坡沙丘的成因及与其他沙丘的区别。董老师铿锵有力的声音和慷慨激昂的讲解激起了我们这些青年学者探索沙丘地貌的热情。

　　在山南市，我们饱览了大规模的爬坡沙丘。爬坡沙丘是沙丘在移动过程中受到山体阻挡，沙粒在风力作用下沿山坡上升而形成的一种沙丘。雅鲁藏布江河谷地区周边山坡发育的爬坡沙丘形态较为复杂，规模有大有小，爬升高度不一，有的甚至高达100多米。关于爬坡沙丘的成因目前仍有不同说法，尤其是缺少对其物质来源和动力机制的分析。我们发现其形成和发育受到植被、流水、风力等一系列因素的影响，尤其当沙丘爬升到一定高度时，就很难界定其与山体风化剥蚀物之间的界限，其物质来源就显得更加扑朔迷离。因此，对于爬坡沙丘的定义、物质来源、形成演化的研究仍需继续深入，这对于风沙地貌学的发展具有重要的意义。

科考第⑮天

罗布莎铬铁矿

　　科考第15天，我们考察了曲松县罗布莎镇西藏江南矿业股份有限公司。在公司获取相关资料后，即刻赶往矿产开发现场。矿区管理经理给我们详细介绍了该矿的基本概况：此矿的开发不同于玉龙铜矿，采用立体式的开发模式。从矿体的顶部到山脚下，分三层开挖，采集原矿。由于多是富矿，一般采集原矿直接销售，目前矿区并没有进行原矿的进一步加工。

　　听取介绍之后，我们开展了调查工作，旨在进一步了解矿产开采对周边环境的影响，关注其环境治理措施及效果。

①② 罗布莎镇西藏江南矿业调研

科考第 16 天

卧龙镇爬坡沙丘

　　考察完江南矿业后我们奔向林芝市，途中经过林芝市朗县卧龙镇时，看到了典型的爬坡沙丘。从遥感影像上观看，它具有明显的沙波纹，实际观测中发现沙丘盘旋在半山腰。当我们沿沙脊线向上走时，发现坡度比较陡峭，薛老师用测距仪测定坡度约为27.3度。我又一次见证了自然界的神奇，在这样的环境中，如此大的沙丘覆盖在大山腰间。我很好奇：这么大的沙山是如何形成的？沙来自哪里？塑造它的风速风向如何？在这里堆积演化了多少年？目前还在继续向上呢，还是已经被植被所固定？……一系列的疑问随之而来。胡老师和杨老师拿上自己的采样工具出发了。我和董老师向河床方向走去，我们想知道河床是不是沙源，如果是，近些年是否还在继续供沙。返回的路上，我们看到了沙丘内部的沉积结构，沉积层层理清晰。我和肖老师收集了剖面样品。

卧龙镇爬坡沙丘坡脚的河湖相沉积和古风成沙

卧龙镇爬坡沙丘

科考第 17 天

林芝会议

正面远观丹娘佛掌沙丘，犹如一只纤细佛手静静地搭在青山脚下，扣在河岸边。佛掌沙丘的名字来源于沙丘和它在江水中的倒影形成一双合十的"手掌"。远观沙丘很小，近距离接触后才发现沙丘非常庞大。当我们抵达佛掌沙丘的跟前，所有人员瞬时分散，大家都去寻找自己最感兴趣的观察点。2018年，我首次看到佛掌沙丘时，就心生一个想法，很想搞清楚：这个沙丘是什么时候开始形成的，形成的真正原因是什么？胡老师、杨老师和李超带着采样工具又出发了。我和董老师仔细观察着整个沙丘地貌，查看雅江分岔口的地形……董老师略有所思，我估计他一定在思考更多的问题。董老师遇到问题必经深思熟虑，才给出一个翔实的解答。

下午抵达林芝，晚上举行会议。董老师总结了最近的工作，他谈道：我们这个team（团队），团结合作，每个人都表现得很积极，工作非常出色，体现了我们的科学素养。我们每个人在考察过程中思考了很多的科学问题，今天的会议把大家关注的问题集中起来，统一探讨。第一个问题就是雅江的风沙问题。我最早关注雅江沿岸风沙问题，是从1995年开展八一公路两侧的风沙治理开始的。山南市的风沙问题这20多年的治理已经卓有成效。我们看到了公路的北侧有面积较大的风沙堆积，而公路南侧相对较少。整个雅江的风沙问题还是比较严重的。此外，沙地主要发育在河流的宽谷地带，雅江南岸陡峭，北岸平缓，爬坡沙丘主要在雅江的北岸，这就给我们提出一个疑问：雅江两岸的沙子是怎么来的？爬坡沙丘上升的高度是很高的，如在曲水县海拔高度达到4000米以上。有的沙来自河谷，有的可能来自山顶，以我们的观察来看，过去一些年，沙源并不丰富，遗留的沙量并不是很多，主要是由于流水携带大量砂粒涌向下游。第二个问题是雅江的黄土。黄土一般是在第四纪形成的，沙漠是黄土的母亲，形成黄土需要大量的沙子，雅江河床有大量的沙子，而我们能观察到的黄土或者沙黄土并不多，堆积厚度也不大，这值得大家思考。

随后大家逐个发言。焦磊老师说道：第一点，对于地理，我们眼见为实，之前我们都是在教材的指导下，依据自己的理解给学生讲解自然地理基本知识。本次科考我目睹了实际地貌，对地理知识有了深刻理解，对教学有很大的促进作用。在国道317和国道318，有很多的河流，水资源丰富，地貌类型多样，我们考察过程中录制了一些视频供学生进行云端实习。第二点，我们的科考任务分4个专题评估重大建设工程的生态风险和生态修复，感觉目前需要从区域上着手考虑重大建设工程的整体性特征，即不同工程的组合及配置所产生的生态环境问题。不同的工程之间存在关联，其中道路建设是把3种工程关联起来的纽带，而不同工程存在差异，道路是带状的，水电工程是在流域上对生态环境产生影响，矿产资源开发是在深度上影响生态环境，所以我们做工作时，是否应该考察各工程的组合效应和区域效应？

刘小榛老师说道：已经有很多团队在青藏高原上开展工作了，每个团队都有自己的特长，不同的考察应该有不同的收获。第一点，青藏高原的沙漠化问题值得我们深入思考，并积极开展相应的工作。就个人而言，我最近用了三天半的时间开挖剖面，查看湖相沉积，感觉湖相沉积与爬坡沙丘似乎有某种关联，湖相沉积为风沙提供沙源，但个人此次开挖剖面时没有挖到湖岸砾石，所以还需要以后继续开展相应的工作。第二点，道路的等级不同，生态修复的措施不同，道路级别越高，生态修复的措施等级越高。水电站和矿产资源开发的级别不同，生态修复的要求不同，影响程度也不同，所以重大建设工程对生态环境的影响，应该首先区分工程的等级，再进行评估。

李超博士说：青藏高原的风沙地貌比较特殊，如那曲山顶沙源，从山顶到山脚下，沙源丰富程度不同，而我们看到的爬坡沙丘，可能是从河谷爬坡而上，但是看到在半干旱荒漠草原，植物生长对沙子量多多少少会有影响，黄土多是因为冰期大范围干旱形成的，目前观察到的是青藏高原存在较少的

①② 丹娘佛掌沙丘及其内部的风成斜层理

黄土。还有很多问题值得我们深入思考并展开相应的研究工作。

陈国祥博士道：之前在柴达木盆地进行科学考察时曾目睹了许多爬坡沙丘，其物质来源与盆地内大量的湖相沉积物和季节性河流所携带的冲洪积物有关。此次科考，我们在雅江流域也观察到许多爬坡沙丘，推断其物质来源多为雅江所携带的大量泥沙，这与柴达木盆地爬坡沙丘的物质来源有明显区别。尽管这两个区域同属青藏高原地区，但其内部气候和地貌的差异导致其沙物质来源的巨大差异。此外，雅江附近的山体存在明显的冻融风化和剥蚀现象，这是否也为爬坡沙丘提供了一定的物质基础，其贡献有多大？爬坡沙丘与河流泥沙的界限是否存在？这一系列科学问题有待于进一步探讨和研究。

肖锋军老师道：首先，我观察到了一些小尺度的现象，比如冻融侵蚀、草皮分层。发现一些地方的草呈环形或链形生长，这是很有意思的现象。发现一些山体中部的植被类似滑坡一样向山体下部移动，一些山体下部的植被呈阶梯式生长，这些现象究竟是怎样形成的，很值得研究。其次，我在佛掌沙丘看到了大量的层理构造，角度各异，甚至在一些小区域内看到几组不同的层理。目前来看，这个地方水分充沛，促进了沙物质沉积和内部的重力变形，这个是其他干旱区沙漠比较少见的现象。因此，佛掌沙丘应该是风和水交互作用的结果，其具体形成机制值得我们思考。最后，就是爬坡沙丘的沙源问题。若仅对地表沉积物采样，可能很难证明沙源到底是河道来源还是就地风化来源。这里的沙丘可能已经形成了几百年甚至更长的时间，经历了多次固定和活化，沙丘各位置地表沉积物的粒度和化学元素可以比较接近。因此还应该从沉积学入手，从沙丘内部的层理结构、矿物组成、化学元素、年代学等方面进一步揭示其沙源和形成机制。

杨林海老师说：雅江两岸风沙地貌丰富多样，爬坡沙丘的物源和动力具有多样性。它们是河流沉积物、湖相沉积物还是就地风化甚至是老的古沙丘活化？有些地方的沙丘是不是从山的另一面翻越过来然后滑落下来？建议对此类沙丘统一命名为"趴坡沙丘"，对应的英文名称可用"slope dunes"。沙丘形成的原因不同，采取的治理措施不同。若是沙源来自河床，可以切断河床沙源；若是古沙丘活化，则需要采取植被修复措施。另外，关于重大建设工程和生态修复工程的生态环境效应的评估，需要考虑气候变化的影响。

薛亮老师说：本次科考，翻越横断山脉，经过川西高原、川东山区，开阔了视野。自己之前以室内作业为主，很少能了解到不同的地貌，本次科考中沿国道317，观察到不同的地貌，看到了植被的地带性分布、植被的垂直地带性分布等等，增加了自然地理知识。我们在考察旁多水利枢纽工程时，了解到不同的工程能影响局部气候，这与之前的想法存在很大的差别。个人觉得，由于空间存在异质性，存在尺度效应，那么我们采取点、线、面相结合的方式进行采样，并进行相应的实验，是比较理想的方式。点是指水电站，线是指道路和水系，面是指矿区，可以综合运用RS（遥感系统）和GIS（地理信息系统）技术和模型进行宏观分析模拟，用采样点数据资料进行验证。

胡光印老师道：感觉适当保存一些自然景观还是比较有意义的，防沙治沙工程适时采用，进行有效保留有效治理，更符合自然规律。青藏高原我已经来了3次，每次走的路线都不同，感受也不同。我们都知道黄土是第四纪沉积物，从遥感影像及目前的一些监测结果来看，雅江的爬坡沙丘或者佛掌沙丘等等，都是比较大的，而且交错层理比较复杂，可能是冰期或者是间冰期发生的。我曾经在若尔盖一个7米深的剖面采了样，粒度比较均匀，发现中间有快速沉积，目前还在分析中。

董老师总结道：这次野外考察，我们看到很多现象，做了很多工作，每个人都思考了一些科学问题。目前我们知道的就有66个团队在高原上开展工作，可以想象青藏高原研究的火热程度。进入西藏越来越容易，我们需要思考一些战略性的问题，抓住立足点，找到生长点。我们每个人还需要好好思考一些具体的科学问题，可作为申请基金项目的idea（构想）。在撤出青藏高原的路上，我们还要经过横断山脉，翻越高山，跨过大江大河，会看到冻土、冰川地貌及草原景观，大家留意这些自然景观，慢慢欣赏，细细品味自然的魅力。

科考队在林芝尼洋河边合影

科考第 18 天

雅鲁藏布江大峡谷

　　关于雅鲁藏布江大峡谷，我一直充满了好奇。2018年我到了大峡谷景区门口却没能进去。2019年进入了大峡谷，但当时烟雨蒙蒙，只能在雅鲁藏布江的北岸，遥望海拔7782米的南迦巴瓦峰，仅仅拍摄了几张照片，看不清南迦巴瓦峰的真容。现在是2020年，我又一次来到大峡谷，有不一样的感觉。我们从南岸进入，深入大峡谷，仔细观测大峡谷两岸，发现雅江深深的下切使得河两岸形成了独特的景观。这次还近距离看到了南迦巴瓦峰，它是喜马拉雅山脉和念青唐古拉山的分水岭，两大山脉像两条卧龙盘旋至此，而雅江将两条长龙隔离在两岸。董老师说，他发现有的地方形成了8级阶地，我很惊讶，因为我只看到了4到6级阶地。我们观察到水汽形成了环状带盘绕在雅江两岸的大山腰间。

　　我们在景区开展了相应的调研工作，包括对大峡谷进行无人机拍照和扫描，具体由薛亮老师负责。

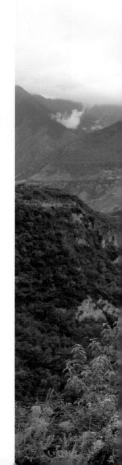

南迦巴瓦峰

雅鲁藏布江大峡谷

科考第 19 天

最美鲁朗

自2018年以来，我每年都来西藏，都会经过鲁朗，今年再次到达鲁朗，还是被眼前的景色所吸引。鲁朗小镇也确实是西藏最美的村庄之一，有"龙王谷""天然氧吧""生物基因库"之美誉。鲁朗是典型高原山地草甸，两侧青山由低往高分别由灌木丛、茂密的云杉和松树组成"鲁朗林海"。中间是整齐划一的草甸，犹如人工整治过一般。草甸中，溪流蜿蜒，泉水潺潺，草坪上报春花、紫苑花、草梅花、马先蒿花等无数种野花怒放盛开，颇具藏区特色的木篱笆、木板屋、木头桥及农牧民的村寨星罗棋布、错落有致，勾画出了一幅恬静、优美的"山居图"。车停下来之后，大家抓紧时间拍照，然而就在这时，我发现焦磊老师和刘小槺老师在镜头前侃侃而谈，原来他们在录制实习课程。这也是他们科考途中的另外一番收获，就是沿途录制了很多课程，旨在带领学生线上认识青藏高原。

再次经过盔甲山，观察到接近山顶的部分全由石板岩层构成，经线长而分明，经风化形成很长的

鲁朗小镇

盔甲山

台阶若干层，每年4—5月或9—10月，积雪在石板崖上化掉一部分后，呈现出与布达拉宫一样的城堡图案，也像古代兵勇所披盔甲上的花纹，盔甲山因此而得名。

科考第 20 天

穿越怒江大峡谷

先一天得知，在八宿邦达镇邦戈村，由于道路出现了坍塌，目前小车限行，只有中午一个半小时的通行时间，因此我们需要早点出发到达限行路段。此路段是怒江的河谷地带，虽然山脚下河水在滚滚流动，站在河岸边却没有凉意，反而是阵阵热浪迎面扑来，这就是地理书上描述的怒江干热河谷焚风效应。我在2018年沿滇藏线攀登青藏高原时，在福贡一带看到过怒江干热河谷，在河两岸，发现了大量的仙人掌，上面长满仙人果。

到达坍塌路段，听说交通堵塞已经有三四天时间了。在排队等候时，王浩老师走到了等待车队的最前列，随时给我们汇报路况。不一会儿，他传来了前方音乐会的视频：有几位歌手忍受不了等待的无聊，拿出了乐器，演奏起了音乐，在欢声笑语中陪伴解放军战士抢修公路。幸运的是，我们等到了下午1：30，整个路段放行。

芒康到左贡段的"七十二拐"，人称"魔鬼路段"。蜿蜒崎岖的山路，海拔落差1450米，长度约12千米，平均8%的纵坡，再加上横坡，其合成坡度更大。要克服1000多米的高差，在没有隧道的情况下，只能延长公路的水平距离来适应海拔高程的变化，这种做法专业上叫作"展线"。真是"山有千盘之险，路无百步之平，人马路绝，乱石纵横，艰险万态，不可名状"！如此险境中竟然还有两辆大巴班车急速超车。我记起自己还有工作要做，就探出车窗，用手机拍下来一段视频。在我拿出手机拍摄的过程中，董老师和胡老师都为我捏了一把汗，不断在旁边提醒我要小心……

怒江七十二拐

科考第 **21** 天

翻越横断山

国道318是一条网红旅游线路。沿线行进会翻越横断山脉。澜沧江处山高谷深，落差有1700多米。途中我们遇到了各种各样的游客，有的驾驶汽车或乘汽车，有的驾驶摩托车或乘摩托车，有的骑自行车，有的拉架子车，还有的步行……

澜沧江大峡谷

科考第 22 天

康定草原

　　路过巴塘，看到雪山，山脚下有一对姊妹湖。清澈的姊妹湖躺在大山的脚下，从容而安静。到达康定草原上的时候，有一片彩色的花海映入眼帘。我们在此策划了一段航拍，打算把它制作成一个视频，作为我们在此工作的纪念。

　　康巴大草原和理塘之间100多千米的距离，车队在海拔4200多米的接近山顶的公路上盘旋。沿途看到山顶宽阔的草原、山腰和山脚茂密的云杉和大片的长成球形的麻栎、康定草原上一层层的白云……数不尽的黑色牦牛和白色山羊徜徉在绿色的草原和白云之间。粗犷威武的康巴汉子，守护着他们的牛羊。山顶上，毡房旁边，鲜艳的经幡迎风飘扬……在康巴草原上，牦牛成群结队，多的有两三百头，少的也有五六十头。

①②③ 康定风光

科考第 23 天

成都会议

15：00抵达成都，董老师提议在17：30开个座谈会。这已经是本次科考的第五次会议。

董老师总结最近几天看到的现象。第一点：青藏高原没有形成大面积的沙漠。青藏高原是侵蚀区域，不是物质的汇聚区域。目前来看，雅江流域是汇聚区域，形成小片沙地的主要原因是沙源不足，这在林芝市表现得比较明显。相关的资料告诉我们，沙丘形成的时间较短，大约有1万年的时间。从现有黄土分布来看，并未形成大面积的黄土或者沙状黄土，这是因为沙漠是黄土的"母亲"，雅江的黄土属于近源黄土，沙丘少，所以黄土也就少。

第二点：雅江是青藏高原最重要的水汽通道。由于受西南季风的影响，藏东南地区的气候比藏北地区的气候要温暖湿润，相应地，南北动植物的生长环境也有很大的差异。有学者认为这条水汽通道沿着布拉马普特拉河和雅鲁藏布江河谷一直伸向青藏高原的东南部，直达雅鲁藏布江大峡谷的北面，而雅鲁藏布江大峡谷大拐弯缺口地区是青藏高原东南部的一大门户，它面向孟加拉湾、印度洋，使得印度洋的暖湿气流顺着这个缺口，深入高原内部，使得藏东南地区湿润温暖、雨雪充沛。围绕着南迦巴瓦峰大拐弯区域的这条美丽的水汽通道是青藏高原上最大的水汽通道，它分三支：一支沿雅鲁藏布江向西北方向一直到念青唐古拉山南麓；另一支沿着帕隆藏布江支流往东输送，直到然乌湖一带；第三支在拐弯以后向西沿着雅鲁藏布江上游走。

第三点：干热河谷和焚风。干热河谷植被稀少，森林覆盖率不足5%。岷江、大渡河、雅砻江、金沙江、怒江、澜沧江等江河的河谷坡面，一般都处于海拔500米以下地段。干热河谷气候是特殊的地貌形成的一种奇特的气候，这是由复杂的地理环境和局部小气候综合作用的结果。这些地区的水汽凝结时引起热量释放和湿度降低，并使空气温度增加。在地形封闭的局部河谷地段，水分受干热影响而过度损耗，森林植被难以恢复。缺水使大面积的土地荒芜，河谷坡面的表土大面积流失，露出大片岩土。此外，由于迎风坡把季风带来的降雨截留，越过山顶下沉的风又干又热，导致植物无法生存。河床下切很深，河谷两岸几乎没有了降雨。伴随着干热河谷气候的，还有另外一种奇特的自然现象——焚风，顾名思义，就是可以让外物燃烧的风，有人称之为"火焰山"的风。一旦有焚风过境，天气将变得火热而干燥，就好像是干蒸桑拿一样。增温会让作物和水果早熟，强大的焚风可造成干旱和森林火灾。焚风是气流越过高山后下沉造成的。当

泸定桥

一团空气从高空下沉到地面时，每下降1000米，温度平均升高6.5℃。这就是说，当空气从海拔4000到5000米的高山下降至地面时，温度会升高20℃以上，使凉爽的天气顿时热起来。着生在河谷坡面上的植被系统甚为脆弱，一旦开发不当，就会诱发干热河谷景观分布面不断扩大，吞噬此前的森林或者草原的河谷坡面。草原的河谷坡面一旦被吞噬，就会使河谷坡面退变为干热河谷生态景观。倘若危害到人类的生存和发展时，就是学界所称的"干热河谷灾变"。

第四点：横断山脉。横断山脉南边水汽较少，如八宿比较干旱，降雨量为230毫米，芒康折多山的两侧更加明显。雅砻江向南流入大渡河。岷江北侧为川西北平原。本次科考主要在横断山区。在横断山区植物垂直地带性非常明显，这点我们在拉萨会议上讲过。我们走国道318的时候，再次穿越横断山脉，大家已经有了较为深刻的认识。

第五点：我们沿折多河，经大渡河，翻越二郎山，经过雅安、康巴草原，穿越康巴藏区。藏区有200多万平方千米，而康巴草原是世界上海拔最高最美丽的草原，我们深刻领略了康巴草原之美丽。康巴亦称康区或康巴地区，康巴藏区的西界是丹达山，东界是打箭炉，即康定城。康巴地区的藏族人民就生活在这块文化色彩斑斓的河谷高原上。

随后，我总结了此次科考活动的主要工作，提醒大家带好采集的样品和收集的资料，回去后要抓紧做实验并汇总资料。

科考第 24 天

疗养修整

　　长途跋涉，人困马乏，特别是司机师傅每天都在我的督催下赶着路程，其疲惫程度更高。于是决定，8月17日在成都休息一天，拥抱一下都市生活……

①②③④ 成都美食

科考第 25 天

翻越秦岭

从成都回西安，一天的时间过于紧迫，于是我们决定在汉中停留一天，顺便参观宁强县青木川古镇。古镇虽不是很大，但很是清雅。这里有风格古朴的古摩崖、古祠堂、古寺庙、古题刻等，展现着古镇悠久的历史和深厚的文化底蕴。

①②③④
青木川古镇

平安归来

科考第 26 天

平安归来

　　终于再回长安，激动的心情难以形容。董老师的血压也趋向了平稳。车队到达学校格物楼门口，整理完仪器设备及采集的样品，所有人员都松了一口气。是啊，我们平安归来了！

第二部分

科考故事

① 筹备工作

◎ 胡光印

　　本次科考目的地是青藏高原，路途遥远，路况复杂，人员较多。为此，项目组提前召集大家在文汇楼B段301会议室举行了部署会议，核实科考人员后，紧接着就是确定科考车辆的数量。一般来讲，每个越野车坐5人，前排2人，后排3人，这样统计用车数量是很容易的。但是，这是一次时间和路途都较长的科考，而且高海拔地区环境较为严酷。因此，每个车辆的人员安排就有所考究了，根据我们经常出野外的经验，后排坐两人是比较理想的，因为野外科考不只是乘车那么简单，开车行进沿途的所见所闻都有可能是科学考察的内容，而拍照就是一项必不可少的工作了。这样一来，如果后排中间再坐一人的话，不但使得后排人员变得拥挤，中间位置上的人也几乎没法拍照。如果遇上体形较大的队员，这样长时间挤着坐是非常不适的，而且大家长途科考随身携带的物品也没地方放，如相机、水杯、保温壶、手机、充电宝、手持GPS、对讲机以及随时需要增减的衣物等。因此，我和南老师商量每个车尽量只安排4人，这样舒适一点，或许也有利于

避免高原反应。基于这些考虑，我们跟车队负责人付总要了5辆越野车，分别编号为1、2、3、4、5号车，并让付总在车身上张贴了此次考察承担单位和科考项目名称。

车辆张贴了醒目的科考任务名称"第二次青藏高原科学考察"

　　虽然科考人员已确定，但越野出发之前，还有一件比较烦琐的事情，那就是给此次科考队成员购买一套质量可靠的户外装备。主要关注的是在青藏高原上防风、防雨和保暖的功能。之所以比较烦琐，是因为户外品牌众多，但符合我们要求的不多，再加上现在是夏季，店家都在卖夏装，我们却要买冬装，而且要买14套同款的，大多数店家库存都严重不足。前前后后分别去了小寨、军人服务社、体育场、开元商城，都没有找到合适的户外装备，最后在东三环找到了一家The North Face户外用品店，它基本能提供14套户外衣服。为什么说是基本能提供呢？因为该店家库存也不足，冬款的衣服大多都发到甘青宁地区的分店去了，如果我们确定购买，他们可以帮我们从这些分店调货，地方分店通过快递发到他们店里。前提是我得给他们付一笔押金，并提供准确的衣服、裤子和鞋子的尺码。即便如此，也难以保证到货尺码能完全满足每一位的需求，因此，又要求他们尽量多从银川调回几套以便于后期调换。

　　几天后，货物备齐。从付款到提货环节也比较折腾。以前购物一般是店家直接提供发票，我们用发票从学校对公转账付款。但是该店规定必须货款到了他们账户才能提货，如果要提前开发票拿到陕师大去打款，还需要交发票面额20%的押金，而且押金还必须是现金。现在我出门一般就只带个手机，手机可是取不了现金呀！罢了，白跑一趟，只好第二天准备好现金后再去该店取发票。

　　第二天将发票取回后，就需要通过陕师大财务处给对方打款了。这个环节南老师又经一番折腾。听说最先是按固定资产进行入库，但后来经过相关部门商议后决定按耗材进行报销，这来来回回修改几次，还需要南老师写不少说明材料。出发时间（7月25号）是董老师已经提前确定好了的，我真担心出发前不能顺利提货进而影响行程。好在南老师催得紧，财务处也指定了专人负责。终于，在7月21日下午顺利提货。今年夏天，西安的雨水特别多，这一天的雨下得尤其大，我经过绕城高速拉了满满一车野外装备到陕师大格物楼，这一路车程一个多小时。到达学校后赶紧分发给大家，不出所料，还真有几位队员的尺码不合适，第二天又拉着去店家调换。前前后后一共跑了四五趟，但让人欣慰的是，终于在出发前把大家的户外装备准备好了。

　　前期准备还有另一项必不可少的工作：需要将科考任务确认件发往北师

大，待身在北师大的项目任务负责人签字确认返件后，再与西藏自治区的科考办联系，然后带上"第二次青藏高原综合科学考察研究野外考察安全管理备案表"去拉萨科技厅401室找潘毅老师备案。科考办会根据科考任务提供精确到各个县区的项目组协助函。进入西藏后的这些联络工作主要是我负责。

此次科考分工非常明确，两位队长（董老师和南老师）商量决定工作计划，吃饭问题由杨老师负责，汽车加油的事由王老师和肖老师负责，住宿由我负责。出发之前，南老师就将预算的借款打入各个负责人的银行账户以便后期支付。在整个野外科考过程中，大家各司其职，每一个方面都井井有条。

在陕师大格物楼前等候大家领取的一车户外装备

② 大军出行　粮草必备

◎陈国祥

　　出发前，科考队开会对此次科考工作做出了周密而详细的部署。此次科考我们主要是针对青藏高原地区人类重大建设工程生态风险及其生态修复措施进行野外考察，分析重大建设工程实施前后大气、水、植被、土地利用等各指标的动态变化，评估重点建设工程对区域生态环境的影响，并针对关键生态风险制定防控对策和生态修复措施。

　　接到科考队长南老师分配的任务后，我开始紧锣密鼓地筹备此次科考所用的设备和工具。虽然青藏高原是世界上极富生物多样性的地区之一，但由于其海拔高，氧气稀薄，地势险峻，气候恶劣多变，高原科考工作一定会遇到挑战，因此为科考队员准备充足的氧气瓶和抗高原反应药就显得极其重要。多方打听后，选择了大家熟知的红景天、高原安、葡萄糖口服液等。考虑到此次我们所要考察的矿区、水电站等大型建设工程处于危险或难以抵达区域，对其进行大规模生态风险的评估工作存在一定难度，我们决定让"高原雄鹰"——无人机来帮助我们打退科考工作中的"拦路虎"。与以往低海

拔地区科考不同，在青藏高原地区大动干戈是气候和身体条件所不允许的，其高海拔、低氧的环境使得许多区域让人望而生畏，难以到达。经过比较，最后选择了身姿小巧但战力十足的大疆精灵4无人机，因为它不仅可以在空气稀薄、强风干扰等极端环境中飞行，而且具有自主完成起降、定点、航迹飞行、动静态障碍物规避等能力。在校园里的多次训练中，"高原雄鹰"划破天空，完美地记录了所需的每一幅画面，这对我们是一颗"定心丸"。

　　青藏高原地域辽阔，不同区域地形、气候、植被等差异显著，分布有大面积的高寒草甸、高寒草原、荒漠草原、灌木、湿地、沙漠及多种森林类型自然生态系统，由于其气候严寒，地表土层极薄，在反复的冻融过程中地表开裂、草皮剥落而形成裸地，而在其他一些区域甚至会因极端天气（极端降雨、干旱、大风）而导致草地大面积沙化。这些草地经冻融侵蚀、水力侵蚀、风力侵蚀、重力侵蚀后，极易发生水土流失和草地沙化。因此，对水土流失区、草皮剥落区及草地沙化区的土壤、植被、水文和气候的调查显得极其重要。显然，购置土壤组所需要的干燥箱、土钻、铝盒、铁锹、铁铲、自封袋、记号笔等工具，植被组所需要的相机、对讲机、GPS定位仪、叶绿素计、胸径尺、测绳、样方框、剪刀等工具，水文调查组所需的车载冰箱、水样采集器、水样收集瓶等工具以及气象组所需用的风速仪、温度计等工具，必须尽早提上日程。与经销商联系购买后，本以为采购工作可以圆满画上句号了，然而在后面的检查工作中又发现了自己所做工作的不足：由于在采购前考虑不周全，个别采样工具的型号出现错误且未能集中采购，需经销商多次调换，增加了其派送难度。多次反复折腾后，此次科考所需工具事宜才最终敲定。

接下来便是对仪器的学习和规整。由于所学专业和方向限制，大多数仪器自己都是第一次接触，通过多次查阅说明书和视频教程，并请教其他老师和同学后，手里的仪器逐渐变得听话起来了。记得当时学习操控无人机，在观看完工程师操作后，心里想这不就是上下左右来回摆弄这么简单的操作嘛。然而，激动的心颤抖的手，由于自己用力过猛使得无人机撞上路边大树导致螺旋桨松动变形，险些造成无人机坠毁。后来，经过工程师多次培训，仿地飞行、五向飞行等操作变得得心应手。出发前一天晚上，和师妹杨文慧在实验室打包了此次科考所用的所有设备和工具。然而，难题却摆在了我俩眼前：我俩为了省时间把所有工具装在了一起，最后发现工具数目混乱且搬运极其不便。于是，我俩开始马不停蹄地寻找方便携带的小纸箱，经过详细分类和规整后又对不同设备和工具所在箱子做了醒目的标识，混乱的场景才逐渐变得井井有条。规整设备，用了一个晚上的时间，我俩早已疲惫不堪，但一想到我们将要踏上青藏高原，看到蓝天白云圣湖，还有那转山转水转佛塔的虔诚信徒，疲惫感顿时一扫而空。

③ 跟着科学家去科考

◎ 刘小楝

第二次青藏高原科考如火如荼地进行着，正在破译的"藏地密码"将遥远神秘的"亚洲水塔"青藏高原更加立体且具象地呈现在公众面前。都说人这一辈子一定要去一次西藏，而2020年仲夏本人第三次进藏，看来真是"有幸三生"了。依托第二次青藏高原综合科学考察研究子专题"重大建设工程的生态风险与生态修复"项目，沿国道317川藏北线而入，从国道318川藏南线而出，历时近1月，收获颇丰，感触良多。

专题负责人董治宝教授是我校副校长、风沙地貌学界著名科学家，师从我国风沙地貌学奠基人、"中国沙漠之父"朱震达先生。本次科考，已是晚辈第三次有幸跟随董治宝教授"出野外"：从2018年第一次沿新滇藏线"丙察察线"入藏，到2019年"反向逃离德黑兰"在伊朗边境小城扎黑丹的扎博勒大学进行西南亚沙尘暴国际会议学术交流及野外考察，再到此次青藏高原科考往返川藏，作为科研界小学生的我，每每都能沐浴在董老师言传身教之春风里，潜移默化中觉得醍醐灌顶，茅塞顿开，大有进益。

每次坐车，董老师都会坐在科考车队头车的副驾位置，拿出自己随身携带的记录本和签字笔，开启一天又一天的新记录、新里程。在具体的野外考察途中，董治宝老师也并不是"口若悬河"，而往往都是"望闻问切"一番之后，直切中科学问题的要害，一语中的，用最简短最实在的"干货"，让大家心服口服，啧啧称赞，收获满满。董老师每次都说，看到沙漠，整个人都兴奋不已，健步如飞，仿佛导师朱震达先生当年。董治宝教授今年五十有五，聊起自己熟悉且深爱着的大西部，更会发出欣慰的感叹："我的前半辈子交给了塔克拉玛干，后半辈子都将交给青藏高原啦！"每次听到类似的回忆和教诲，大家都会对老一辈科学家身上所具备的科学精神肃然起敬，从朱先生到董老师，沙漠学科的发展薪火相传，生生不息。

董老师在行进途中通过对讲机给队员们上课

董老师现场讲课

跟着科学家去科考，车队每经一地，每到一处，董老师皆如数家珍，用敏锐的洞察力提醒大家路过却不要错过青藏高原最有意思和最值得继续研究的科学问题：在藏北高原的热融湖塘前，在雅江河谷的爬坡沙丘上，在羊卓雍措的湖岸阶地旁，在远眺雀儿山冰川时，在雅鲁藏布大峡谷的拐弯处，在鲁朗林海的云杉林里，在康巴草原的高寒草甸中，在江达路过又折返的古生物足迹化石边，在怒江的干热河谷底……董老师事必躬亲，结合团队里每一个成员的专业背景和研究方向，在青藏高原为大家"谋其远"，为未来的研究和项目申请指明方向。

俗话说：火车跑得快，全靠车头带。董治宝教授长期从事风沙地貌及风沙动力学研究，是中国风沙物理学的学术带头人，被国家自然科学基金委员会认为是国内最具影响力的风沙物理与风沙地貌学研究的青年科学家（冷疏影，宋长青. 科学基金资助下中国西部地表过程研究重要进展. 地理科学进展，2010，29（11）：1283-1292.），其领导的团队是中国风沙地貌研究的核心。（冷疏影主编. 地理科学三十年：从经典到前沿. 北京：商务印书馆，2016：75.）在董老师的正确引导和带领下，陕西师范大学行星风沙地貌科研团队，高瞻远瞩，仰望深空，脚踏实地，求真务实，永攀科学高峰，团队年龄结构合理，分工明确，已日益成长为国内行星风沙地貌研究不可忽视的中坚力量。

跟着科学家去科考，用腿去丈量，用眼睛去看，用耳朵去听，用心去想，如董治宝老师所言：年轻人，心里要有火，眼里要有活，要去思考科学问题，要能吃苦，更要喜欢搞科研。诸君，勉乎哉！

④ 川藏感怀

◎ 刘小楝

昨日刚刚离开西藏自治区，方才路过四川理塘"网红"打卡点——"此生必驾318"路牌，此刻，科考车队"漫游"在辽阔的川西康巴草原中，路边的野花惹人爱，草原上的汉子在热情呼唤。回想这些天来的路途，沿国道317入藏，西安—绵阳—都江堰—德格—江达—昌都—索县—拉萨，沿国道318返回，拉萨—贡嘎—林芝—然乌湖—左贡—巴塘—康定，在中生代三叠、侏罗和白垩纪岩层与现代文明间来回穿梭，仿佛于山阴道上行走漫步，山川自相映发，美景应接不暇。

如果人类有某种方式能和大自然彼此神交，那，或许就是遇见久违的美景，找到未知的自己，然后张开双臂，给世界一个拥抱，并发个朋友圈：在某年某月某日，与世界相遇，被自然和自己感动得一塌糊涂。

◎乘风破浪别长安，往返青藏路八千

清晨"折柳"长安季夏时，伴随《公路之歌》，一直往南方开，所到皆诗境，随处有物华。翻越"崇山峻岭，碧嶂遥天"的秦岭，抵达"沃野

"此生必驾318"路牌

千里，天府之土"的四川盆地；从横断山区高山峡谷"六江并流"（岷江、大渡河、雅砻江、金沙江、澜沧江、怒江）到"军粮马匹、半出其中"的辽阔壮美藏北高原。西藏自然之美，因缘于6500万年前印度板块与欧亚板块相撞的那一刻，美在藏南林芝、波密的原始森林秘境，在令人窒息的雪山、冰川和高寒草

康巴草原

甸，在雅鲁藏布江河流宽谷中广布的沙丘，在神山圣湖翠蓝多彩的神色，同样也在高寒缺氧、人困马乏、天气恶劣、道路塌方、通信不畅、车辆故障等重重困难之中。来回接近1个月的野外综合科考，8000千米艰难行程。然，正如王安石在《游褒禅山记》中所言："世之奇伟、瑰怪、非常之观，常在于险远，而人之所罕至焉，故非有志者不能至也。"

回想了一下，自2014年以来，年年上青藏，六条传统的入藏线路已打卡有四。你去或者不去，西藏就在那里。而我，来过了，感受到了，爱了。

◎样子精美，西藏的车、马、邮件都很慢

住在布达拉宫，我是雪域最大的王；流浪在拉萨街头，我是世间最美的情郎。翻遍十万大山，再次回到了拉萨：在八廓街，只要街角的玛吉阿米在，便觉得世间最美"情僧"仓央嘉措也在；于藏人哲蚌寺旁遥听正午辩经声，坐在大昭寺门前窥得别人的信仰；走进老光明甜茶，感受一块钱的圣城市井时光；每当迟缓的夜幕降临，明月皎颜，总会去布达拉宫广场找一个最佳朝圣视角。

沉积剖面样品采集

样品采集成果

车、马、邮件都很慢，西藏的人文之美，美在"如果你许了个愿，请按照你许愿的步伐走，最关键的是你磕头的时候，要有颗虔诚的心，要为了更多的人去磕头朝圣"。

◎用双腿去丈量，用眼睛去发现

数次入藏，转山转水转佛塔，用双腿去丈量，"游客式"打卡满满，醉倒在藏区多彩斑斓的色彩中。临别之时，有人问我，你在西藏收获了什么？首先，我感到了精神的富足和文明，其次，我挖到了河湖相沉积剖面，这令我无比兴奋。而这一切，对于懂得"她"、欣赏"她"的人来说，是无价的。

西藏之行，看雪山冰川高几何，沙丘波浪无穷尽，林茂虬枝多缠绕；科研朝圣之旅，革命尚未成功，后浪仍需努力；人生朝圣之途，一代人终将老去，而总有人正年轻。我们地理人，永远在路上，永远年轻，永远激情澎湃。只愿所行皆坦途，所求皆如愿，此刻，得到，已满足。

5 川藏行

◎杨林海

在此次科考中，我不仅以科考队员的身份关注和思考了相关的科学问题，也从普通大众的视角领略了青藏高原绝美的景致，对老一辈科学家如刘东生先生和郑度先生等提出的"青藏效应"和"青藏精神"等概念有了进一步的认识。在我看来，在青藏高原上行走，本身就是一件很浪漫的事，更何况有一批或志同道合或青春飞扬的同行者。于是，某些怦然心动或者诗意盎然的瞬间，便永远地留在了记忆里。我把这些瞬间整理成下面三首小诗，作为这次科考的一个纪念！

其一

飒沓①朝青藏，谈笑追白云。

山河林湖草，水土气生人。

读透圣贤书，勘破造化工。

待回天地日②，把酒论古今。

其二

山高石欲碎，水急岸将摧。

尝遍五味餐，换尽四时衣。
前道阻且长③，归途漫无期。
海阔天空处④，何事枉凝眉⑤。

其三
青山排空去，绿水浩荡流。
一心向长安，三日过九州。
思君令人老⑥，归乡怕雨稠。
何时点新芽⑦，闲话坐晚秋。

注释：
①飒沓：众多而盛大的样子。
②化用李商隐《安定城楼》"永忆江湖归白发，欲回天地入扁舟"句意。
③引自《诗经·秦风·蒹葭》。
④某日遇塌方堵车数小时，有人于路旁用吉他、手鼓伴奏并演唱Beyond的《海阔天空》，众皆随和，歌声在山谷中回荡，乐观向上之精神令人动容。
⑤枉凝眉：指徒然地操心、犯愁、担忧。枉：徒然。凝：集中、聚集，引申为皱。
⑥引自古诗十九首之《行行重行行》。
⑦新芽：新茶。

⑥ 那些人

◎杨林海

◎二号车驾驶员猎户

早上7点，睡眠质量一向很好的我，依然是被闹钟叫醒。看了看日历，今天是2020年8月1日——建军节，也是科考队从西安出发的第8天，是个好日子。看到微信群里有人在讨论昨天晚上地震的事，心想如果真的遇到地震，我可能是被埋得最深的那一个。今天的路线是索县到拉萨，看到地图上那曲、当雄、羊八井等响当当的地名以及目的地圣城拉萨，心中的朝圣感油然而生。又听说今天大部分时间我们要在海拔4000米以上的高原面上行进，朝圣感中又加入了一丝悲壮感，正合我意——我一直觉得太过愉悦和顺利的朝圣之旅是有缺憾的。而事实也证明，我们今天的旅程堪称一次完美的朝圣之旅。也许是身体已经适应，除了有点轻微的困倦，竟然没有明显的不适，沿途的科考工作也顺利完成，一路平安无事。在沉醉于高原上蓝天白云的纯洁、惊叹于青藏高速那曲至拉萨段的壮美、折服于念青唐古拉山诸高峰的雄浑之后，科考队于下午5点钟穿过当雄县城，继续向拉萨挺进。突然，我们乘坐的二号车的引擎盖内传来一声清脆的"咔嚓"声，驾驶员"猎户"敏锐地捕捉到了这一信号并迅速靠边停车。打开引擎盖，他说"坏了，发动机散热风扇碎了"，说着顺手从里面捞出已经碎成几片的风扇。略作沉思，他又说："问题不大，可以坚持到拉萨。"于是我们又重新启动。"猎户"通过对讲机向车队付队长和其他队员报告了二号车的故障和应对方法："发动机散热风扇碎裂，失去主动散热，只能保持时速在70千米以上行驶，使用撞风散热，维持散热平衡，因此请求先行。"在得到付队长的应允之后，我们离开编队向拉萨飞驰而去。在这期间，也有其他队员提出异议，认为车辆不应该带病行驶，建议返回当雄检修，不过都被"猎户"凭着自己过硬的专业知识和高度的自信一一说服，毕竟，返回当雄检修的往返时间在数小时，势必影响科考队当天的行程。经过3个多小时的"飞行"，当我们看到拉萨璀璨的灯火时，车厢里传来一阵欢呼声。但是，我们高兴得太早了——在离酒店不到5千米的地方遇到了堵车。这个时候堵车，发动机可能会因为过热而罢工。无奈之下，我们想到了一个双管齐下的降温方法——"风水两相法"：打开引擎盖吹风，给发动机浇水。于是，拉萨街头上演了下面一幕轻喜剧：一辆引擎盖打开的越野车随着拥堵的车流慢慢蠕动，每走几百米，司机会下车给发动机"喝"一瓶矿泉水。就这样，当我们耗尽车上储备的矿泉水之后，终于"爬"到了酒店的停车场。车厢里又传来一阵欢呼声，可以听得出，这次的欢呼声是发自内心而且毫无保留。据说"猎户"当晚遭到了付队长的批评和队友的抱怨，说他出风头、玩个人英雄主义。不知道猎户是不是很委屈，但是后面的行程中，车队的任何车辆遇到问题，他依然冲在最前面，当仁不让地发挥着他的专业优势。有时候，个人英雄主义和勇于担当不太容易分得清。

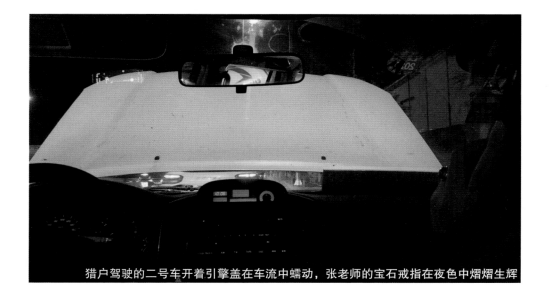

猎户驾驶的二号车开着引擎盖在车流中蠕动，张老师的宝石戒指在夜色中熠熠生辉

航空酒店的售货小哥送给我的明信片

◎航空酒店的售货小哥

在拉萨停留的几天时间里，我们住在布达拉宫旁边的航空酒店。住在这里的主要原因是方便大家在工作之余抽空游览附近的主要景点，比如布达拉宫、八廓街和大昭寺等。航空酒店的大厅有一个售卖旅游纪念品的柜台，里面陈列着富有地域特色的商品，有硕大的牦牛头骨、藏族风格的服饰以及真假难辨的蜜蜡、天珠和绿松石。售货员是一个年轻的藏族小伙子，皮肤黝黑、头发卷曲，穿着藏袍，整天捧着一部手机沉浸其中，时不时露出洁白的牙齿憨笑。一日无事，我在他的柜台前逗留，看中了柜台角落的一套手绘明信片，便请他拿出来让我看看，他放下手机过来热情地招呼我。明信片内容不错，就是有点陈旧发黄，我问他还有没有新的。他俯下身在柜台下面翻腾了一阵，然后很抱歉地说没有了。看我有点儿失望，他说"送给你了"，然后就转身玩手机去了。我有种被施舍的不悦，但是看到他又在对着手机屏幕憨笑，似乎并没有恶意，再看看躺在柜台上陈旧发黄的明信片，竟然有种历史的味道和岁月的痕迹。于是我真诚地向他说了声"谢谢"，带着他的馈赠，如获至宝地离开了。这件来自陌生人的礼物，现在被我珍藏在书架上，每当看到它，我就会想起那位售货员小哥，想起他洁白的牙齿和憨实的笑容。我也真心地希望，假如有一天再次见到他的时候，他能多一点别的爱好，毕竟手机看多了眼睛会废掉的。

◎桑曲茶馆的陌生女子

航空酒店旁边就是布达拉宫，从我们住的房间的窗户望出去，可以看到宫殿红白相间的墙体和金色的穹顶。俯视下去，是一家名叫"桑曲茶馆"的店铺，门口的几张小桌上从早到晚围坐着男男女女、老老少少的藏民在喝茶聊天。终于忍不住好奇，去了这家茶馆。进门一看，里面的空间比我想象的要大很多，摆放着几十张做工考究的木桌，依然是围坐着男男女女、老老少少的藏民，桌子上放着盛有酥油茶或者甜茶的热水瓶，还有藏面和肉饼。尽管听不懂他们在说什么，但我猜测应该都是家长里短，从他们怡然自得的表情

康昂多北路的桑曲茶馆

里，我似乎看到了什么是现世安稳、岁月静好。我学着当地人的样子，要了一壶酥油茶、两张牛肉饼，在门口找到了一张空闲的桌子坐了下来，毕竟里面的藏香味对我来说还是浓郁得有点难以消受。酥油茶尽管有酥油的腥味但还是可以下咽，牛肉饼尽管只有零星的肉末但也足以果腹，不知不觉一壶茶就见底了，恍恍惚惚，我竟然感到通体舒坦。正准备离开，坐在对面桌子的一个藏族中年女子指着桌上的一个背包开口说话了："帮我看一下包。"还没等我答应，她竟然就扬长而去了，留下我在风中错愕。还好没什么急事，我也只能等着了。足足过了20分钟，她穿过马路回来了，这次她没有说话，只是点头微笑。我也回应她以点头微笑，起身离开了。回去的路上，我腹中满足，心情愉快。我想我的满足和愉快，不只是来自酥油茶和牛肉饼，更多的是来自一份陌生人的信任。如果人和人之间多一份这样的信任，那这个世界是不是就多一份美好？如果人人都放下防备，究竟会方便了骗子还是会让天下无贼？还真不好说！

◎ **布达拉宫前的独腿行者**

在藏地随处可见的经幡、风马旗、玛尼堆、佛塔和寺庙，无不向人们昭示着在这里生活的人们的信仰。其中普通信众转山转水转佛塔的习俗，是他们向神灵表达虔诚的一种主要方式。因此，在藏地旅行经常可以遇到手持转经筒或者佛珠围绕神山圣湖或寺庙佛塔行走的信徒，有的甚至匍匐着一路磕长头前进，用自己的身体丈量信仰之路。拉萨的布达拉宫是众多信徒心中至高无上的圣地，每天有无数的朝圣者来到拉萨，绕着布达拉宫行走。他们有的衣衫褴褛，有的华服盛装，有的健步如飞，有的步履蹒跚，有的看上去心事重重，有的则淡定从容。但他们的行为一致地传达出同一个信息——虔诚。在布达拉宫东侧的步道上，我有幸遇到了一位与众不同的磕长头的行者，看到他的时候，我被震撼到了——他只有一条腿！尽管看上去很艰难，但是他的每一个动作都极其娴熟，不经过长期的锻炼是不可能完成的；他的每一个长头都磕得掷地有声，没有坚定的信念是做不到的。对着他残缺却坚强的背影，我肃然起敬，不禁想起叶嘉莹先生的一段话："有的人一辈子总是向外追求的，尽管得到了名誉、地位和财富，可他的心中却没有一点儿真正属于自己的东西。有的人则不是这样，他内心有一个真正属于自己的世界。"这位独腿的行者，他的内心也一定有着一个真正属于自己的世界，这个世界值得他用一生的执念去追寻！然而，有一个问题依然困扰着我：究竟是身体的残疾造就了他精神的强大，还是精神的强大让他在身残之后依然能克服困难勇往直前？我们在日常生活中也经常能看到，有很多条件优越的人并不懂得珍惜和进取，而那种伟大的激动人心的壮举常常来自身体残缺的生命。这个问题值得我们每一个人去思考。

◎结语

以前有人问我青藏高原最吸引人的地方是什么，我会说那里有高山大河，有冰川湖泊，有珍稀的飞禽走兽，有最美的星空和云朵……今后如果再有人问我同样的问题，我会告诉他：那里有各种各样可爱的人，看到他们，你就会看到生命的温柔与单纯，和他们在一起，你也就成了神的孩子！

⑦ 糊涂羊湖行

◎ 胡光印

这次糊涂羊湖行发生在2020年8月4日。这一天已经是我们这次青藏高原综合科学考察的第11天了，也是我们进驻拉萨市的第4天。

早上8点，大家准时吃完早餐，在我们入住的拉萨市航空酒店门口准时开车出发。和往常一样，我们5辆车按编号依次出发，一号车走在最前面，其他车只需跟着前车就行了。车辆离开酒店后，大致朝着向南的方向前行，因为前一天说要去山南市考察，但由于我们一号车司机只知道大致范围，具体地点不是很明确，司机就没有用手机导航。直到车队已经上了跨过拉萨河的柳梧大桥时，司机才开始询问坐在副驾位置上的董老师："董老师，今天我们要去哪里呢？"董老师道："不是说去羊湖吗？"顿然间，坐在后排的我和南老师都用疑惑的眼神对视了一下，然后同时看向了坐在前排的董老师，我们俩都像丈二和尚一样摸不着头脑。正在疑惑之间，司机一边开着车一边说着："那谁导一下航吧！看看怎么走。"司机正在开车，不好设置导航。董老师很爽快地说道："那就用我的手机导航吧！"一边说着，董老师一边设置好导航路线并把手机放到了挡风玻璃下面的手机架子上供司机看。就这样，我们5辆越野车，共20人正式开启了一次

"糊涂"的旅行……

在我们前往羊湖的途中，和往常一样，一切都显得很平常，就像是一次普通的科考一样。当车辆开过雅鲁藏布江大桥时，向右拐弯的方向是去羊湖的经典旅游路线，但此时，由于交通管制，已有大量车辆拥堵，而且几乎是堵死了，不过向左拐的方向道路还比较畅通。正在大家一筹莫展的时候，二号车司机"天空"在对讲机里给大家喊话，叫车队往左拐，他说有一条常人很少走的小路也能通往东拉乡，也就到达羊湖边上了。由于二号车司机"天空"对这些地方非常熟悉，于是车队队长叫二号车司机开到最前面领航。很快，我们的车队就进入了雅江南部的山谷里（图1）。

图1 雅鲁藏布江南部的山谷

山谷里有大量的河流阶地分布，在阶地上还有一层黄土沉积。还是和往常一样，董老师都会把行进中看见的各种与地理相关的知识向大家进行讲解（图2），由于雅江河谷的黄土分布比较广泛，于是董老师对这些地方可见的黄土进行了讲解，主要讲解了黄土的几大特征以及如何辨认黄土。

图2 董老师给大家讲解黄土的相关知识

　　由于坐在后排的南老师以前是学生态学的，地理方面的东西接触得相对少一点，董老师就非常细致地进行讲解，时不时还问一下："小南，明白了吗？"但有意思的是，有一次董老师讲解了好一会儿之后，我时不时地回应一下，但发现坐在后排的南老师没有回应，董老师就从副驾位置上扭过头来看是什么情况，原来南老师靠在后排座椅上，身上搭着羽绒服睡着了……我以为董老师会很生气呢，但董老师很平静地说了句话，让我如释重负："等南队长睡醒了咱们再讲吧。"这里需要解释一下，为啥叫南队长呢？因为这次科考任务，董老师任队长，负责宏观规划；南老师是副队长，主要负责野外工作的具体设计和执行，工作相当繁重，晚上熬夜加班是家常便饭，再加上汽车行驶在盘山公路上左右摇晃，很容易让人犯困。

　　经过3个多小时的行驶，我们终于从河谷开到了山顶，这已经是中午12点了。司机们一口气连续开了3个多小时车，都非常辛苦，于是在山顶上停车休息一下。站得高看得远，刚才行走了很长时间的山谷尽收眼底，于是，大家以此为背景拍下了一张合影。

　　直到现在，大家完全没有意识到今天出行的目的是什么。科考，旅行，还是科考附带旅行？大家还知道从哪里来，但不知道今天究竟要到哪里去，如果说知道是去羊湖，那也只算是知道了一半，因为另一半谁也不知道。这次"说走就

走"的旅行留下的隐患很快就要暴露出来了。翻过山顶，一路下坡，远远地已经能看见羊湖了，山脚下东拉乡的油菜花开得正艳（图3）。

图3　山脚下东拉乡的油菜花和羊湖

　　近半个小时的车程，车队从山顶下到山脚，再向左转就到达了羊湖边的一个比较理想的停车点。湖边有一片小小的平地，砾石很多，车辆可以直接开到湖水边上去，可以近距离地感受一下圣湖清澈的湖水和湖边的玛尼堆（图4）。在我们到达之前，已经有自驾游客到达此处了，远远望去，水天一色，美不胜收！

图4 羊湖边上的玛尼堆

　　车队到达湖边后，队员们迫不及待地下车摆出各种姿势和组合拍照，司机们则将车辆开到靠边的地方整齐排放好。在停放车辆的过程中，由于五号车司机"狂魔"倒车太猛，也有可能是错误估计了湖边砾石层的硬度，没想到接近湖水位置的砾石非常松软，车后轮一下子就陷了下去。五号车司机是越野爱好者，经验丰富，但这一次，怎么折腾都开不出来，后轮原地打转，而且越陷越深（图5）。

图5　五号车陷入羊湖"无法自拔"

　　由于五号车后备箱装有大量的科研仪器，担心继续下陷湖水进入后备箱，"狂魔"只好赶紧找来另一辆越野车施救。于是，四号车赶紧开到五号车前，挂好拖车绳，想把五号车拖出来。没想到五号车陷得太深，也有可能是本身就拉得太重，还有可能是拖车绳太不给力，总之，只听见"砰"的一声，黄色的拖车绳断成两段。后来将断了的绳子打上结再试，绳子又在其他地方断了，而五号车的后半身还"沐浴"在圣湖中丝毫未动。虽然一边在拖车，但另一边，大部分队友拍照正酣，尤其是初次来到羊湖的队友们。当然，陷车这种情况队友们也帮不上啥忙。

　　拖车绳不给力，"狂魔"只好脱掉鞋，挽起裤腿，下到湖水里打开后备箱，从里面取出这次出越野前新买的钢丝绳。担心四号车拉五号车力量不够，再加上钢丝绳比较长，于是一号车也开过来，和四号车并排同时拉五号车（图6）。这次很轻松，三车同时发力，五号车终于被拖了上来。

图6　两辆越野车同时施救五号车

有人提议在羊湖边合个影留念一下，这样一来，我们今天已经是第二次合影了。愉快的时间总是过得很快，转眼间已是下午1点多了，愉快的前半天就这样过去了。其实，这时谁也不知道不太愉快的后半天要开始了。

董老师看了一下时间，开始催促大家赶紧些。那么问题马上就来了：难道今天不是来羊湖玩的吗？抓紧时间干啥去呢？我心里还犯嘀咕。车队很快就出发了，离开羊湖，继续前行。刚一上路，董老师问道："现在去哪里呢？"我和南老师坐在后排，一脸茫然……我们一号车这会儿负责领航，司机付总正在加速，也着急想知道究竟去哪里，司机付总也赶紧问道："现在去哪里呢？"由于着急，董老师还回过头来看着我和南老师。我和南老师迟疑了一下，几乎同时轻声回答道："不知道呀！"董老师马上提高了声调："嗯？你们不是来羊湖有工作要做吗？不是说要来羊湖采水样吗？"董老师有点生气地责问道。南老师也有点懊恼地说道："我们在羊湖没有工作要做，也不在羊湖采水样，我不知道谁说要来这里的。我们的野外工作计划中也没有打算来羊湖呀。"我顿时感到情况有些不妙，科考的队长和副队长都不知道为何要来这里，也不知道即将去哪里，那肯定是大家信息沟通出了问题。由于我2008年来过羊湖，加之一路上经常查看地图，知道继续往东走不但越走越远，而且将越来越荒凉，连吃午饭的地方都没有。于是马上叫司机付总在电台里通知后面的车辆不要跟过来了，大家原地赶紧掉头。

前面说过，这种"说走就走"的旅行是会留下隐患的，尤其是在人烟稀少的西藏地区。果然，车队掉过头来才行走一会儿，就有司机在对讲机里询问一号车："中午去哪里吃饭呢？饿得不行了！"估计这还不仅仅是司机的意思，科考队员们应该都已很饿了，毕竟已经是中午1点半了，司机们一直开车，肯定就更饿！这时，我意识到这次"糊涂行"的问题严重性所在——整个车队20个人的吃饭问题没有着落。因为我很清楚，近期以拉萨市为中心开展的野外科考，我们都没有准备干粮，按照预计的科考路线走，几乎都能找到吃饭的地方。如果是去一些比较偏远的地方，负责伙食的杨林海老师都会提前准备干粮，以备不时之需。但今天突然改变行程，出乎所有人的预料。看来大家确实饿了，有的人甚至想开车到前面的村庄上找找商店，在商店买点吃的将就一下。但考虑到人多需求大，少量东西是不够塞牙缝的。当然，这种地方也不太可能有商店。为了节省时间，并尽快找一个靠谱的地方吃饭，董老师建议大家原路返回，在贡嘎机场附近吃饭，那里有很多饭店，而且还有几家陕西面馆。我在手机导航上查了一下四周，这确实是最佳的选择了，同时还能节省返程的时间。尽管如此，导航上显示开车还得1个多小时，预计到达机场附近的饭馆已经是下午3点左右了。事已至此，大家只能在忍饥挨饿的状态下继续赶路。

原路返回的这1个多小时是相当漫长的，首先得从盘山公路上到山顶，再通过盘山公路下到雅江河谷。莫名其妙地来了趟羊湖，大家都很困惑，大家被饿成这个样子，还啥工作都没有开展，实在是令人费解。我和南老师也很纳闷，我们前一天计划得好好的，打算今天去雅江河谷山南段考察爬坡沙丘的，但怎么突然就来了羊湖？也不太好意思直接问董老师（在董老师生气的时候还真不太敢问）。

下午3点左右，我们终于在距离贡嘎机场不远的路边看见了几家餐馆。挑了一家院子大点儿的餐馆，5辆车迅速停进院子。实在是太饿了，大家迅速下车、进店、点菜，一气呵成。一顿狼吞虎咽之后，大家并没急着出发，因为司机开车很累，大家坐车走这么多山路也比较累，借此机会休息一会儿。大家一边喝着茶水，一边消灭着个别餐盘里还没有吃完的菜。

一顿饱餐之后，大家的饥饿感和焦虑情绪终于都烟消云散了，大家的话匣子也打开了。董老师用疑惑的表情，还带着一点儿微笑好奇地问道："今天怎么回事？你们几个怎么安排考察路线的？"董老师这一问起来，我也正想知道究竟是怎么回事呢。（这里说明一下：在这次野外科考中，每个人都有明确的分工，我不但全程负责大家的住宿，还要负责办理与西藏自治区科技厅的有关手续，负责和地方政府接洽的工作。因此，哪一天到什么地方考察，除了给西藏科技厅指定的当地政府部门报备，还需要确定是否需要与地方政府座谈等。因此，每次出行，我和南老师都是要提前好几天就规划好的。）于是，我赶紧说道："昨天我和南老师已经计划好了，今天去山南市的雅江河谷考察爬坡沙丘，路线我们都选好了。"南老师正好坐在我左边，也赶紧补充道："我们还以为是你想带大家去羊湖看看风景呢！怎么也没提前给大家说一声？"董老师反问道："我早上走到酒店大厅，不是听见你们谁说今天去羊湖的吗？我还以为你们要去那里采水样呢！"南老师这下很明确地回答说："我们任务书里就没有去羊湖的工作，确实是有队员表示过想去羊湖逛逛，但我们也是在工作之余才考虑的，肯定不是今天去！"董老师叹了口气，身体后仰着靠在椅子上，向后捋了捋头发说："那谁在那里说是去羊湖的？"经常去野外的我们也都知道，出点儿差错总是难免的，但我细想了一下，觉得董老师有一个细节把我们误导了。于是我直言不讳地对董老师说道："我看你今天早上主动把手机导航往架子上一放，我以为这是你的意思呢，我也没好多问，因为你以前都是让我们来导航的。"说到这里，坐在董老师旁边的付总忍不住哈哈大笑起来，付总是车队的队长，也是我们一号车的司机，和董老师算是同龄人，见证了整个事情的来龙去脉。付总一边大笑着，一边对董老师说："老板你把手机导航往架子上一放，他们两个学生还敢说啥嘛！"董老师好像恍然大悟了，右手往脑门上一拍，自嘲着道："用我手机给大家导了唯一一次航，还给导错了！唉……"随即，董老师也不好意思地笑了起来。

8 一碗"麻辣牛蹄筋"

◎ 胡光印

　　离开成都的早上，一上车，大家都开始交流起这一天半在成都的经历。其中董老师很感慨地告诉大家：在成都一天多的时间，吃了三顿火锅！我们仔细一算，这不是除了早餐没吃火锅外，其他时间每顿饭都是火锅吗。回想起我和杨老师在春熙坊吃麻辣牛蹄筋的"麻辣"经历，实在是有点儿佩服董老师。董老师又继续说道："以前去北京出差，不同的朋友相继请客，三天半时间，吃了七顿北京烤鸭，唉……"董老师一边说着，一边摇了摇头……我和南老师在后排都忍不住笑了，我又好奇地问了一句："那董老师你现在还吃烤鸭吗？"董老师沉默了许久，还是没有回答，估计是"往事不堪回首"的缘故吧。

　　再来说说我和杨老师在春熙坊吃麻辣牛蹄筋的"麻辣"经历吧。我们入住春熙路附近的全季酒店，附近吃饭的地方很多，其中有一个叫"春熙坊"的地方比较有名，这是杨老师提前在地图上查到的。春熙坊里面是餐饮一条街，但由于受疫情的影响，只有两头入口的几家店生意比较红火。我和

成都市中心的春熙坊唐宋美食街

杨老师逛了一个来回之后选定了一家饭馆，刚一进去就看见有一桌是我们的科考队员，他们已经快吃完了。我们另坐了一桌，服务员在边上等着给我们点菜，正当我们犹豫该吃点儿什么的时候，另一桌的队员们刚好吃完饭准备离开，其中王浩老师满头大汗，好像吃得很满足的样子，走到我们旁边，指着菜单上的"麻辣牛蹄筋"说："这道菜比较过瘾，给你们强烈推荐一下。"我们毫不犹豫地接受了推荐，另外我们还点了个石磨豆花。菜上来后，吃了第一口，我和杨老师都感叹道：怎么这么辣！又继续吃了几口，发现嘴唇都不听使唤了，怎么还这么麻！我们这才意识到，原来王老师"口味"这么重啊！没办法，自己点的菜含泪也要吃完，而且这是到成都之后吃的第一顿饭，得开个好头。还好我们点的石磨豆花吃完后还剩下不少汤，杨老师把每一次从牛蹄筋锅里捞出来的菜都到豆花汤里涮一涮再吃，于是，杨老师把麻辣牛蹄筋吃出了石磨豆花的味道。我呢，埋着头大口吃着米饭。身边路过的服务员对我善意地说："你可以少吃点米饭，你们还有这么大一锅菜呢！"我说："你们这个菜太辣了，我不大口大口地吃米饭，实在是辣得受不了啊！"后来我俩又慢慢努力吃了一会儿，发现实在是没法坚持把菜吃完了，虽然还没有吃饱。于是，我俩就结账走人了。

等我结完账出来，杨老师已经坐在店家门口的木凳子上开始吃零食了，等我一走近，杨老师递过来一个瓶子，说："试试这个，刚买的，可以减轻麻辣感。"原来是一瓶山楂条，我取出了一条放嘴里，确实不错！还没有走出春熙坊，我们俩已经差不多吃掉了半瓶。我恍然大悟：原来，山楂条才是今晚的主食！

9 Braves

◎杨文慧

8月2日上午，科考队召开了出发以来第三次会议，这次会议也被我们称作"拉萨会议"。此次会议使我豁然开朗：我们沿国道317从成都进入西藏，穿越了横断山区。印度洋的暖湿气流正是经过横断山脉进入中国，给青藏高原的东南地区带来了丰沛的雨水，这对该区域冰川发育、植被分布有着重大影响。进入青藏高原后的几天，我们主要是在川西高原地区，川西高原位于青藏高原的东南部，而从索县开始才真正进入青藏高原腹地。

8月3日，因为原本计划的行程需要调整，下午便去近处看了爬坡沙丘。这次的沙丘之行，完全颠覆了我对沙丘的固有印象。在此之前，我脑海中对沙丘的印象仅限于专业课教材上的概念和图片，未曾亲眼见过现实中的沙丘，对爬坡沙丘更是一无所知。在前往目的地的路上，董老师给我们讲了他对爬坡沙丘的理解，包括爬坡沙丘的成因以及爬坡沙丘的分类。董老师的讲解通俗易懂，经他一讲，"爬"字就更生动了，我一个外行都能想象到各类爬坡沙丘的形成过程。抵达目的地后，团队中相关研究方向的老师与师兄们看着眼前的沙丘跃跃欲试，想要爬到沙丘的顶端探个究竟，虽然时间有限，但所有人被他们的科研热情所感动，我们临时改变了计划，在原地等待他们凯旋。爬的人满腔热情，而等待的人却是揪心的。从我们所在的位置看，想要爬到沙丘的顶部，首先要翻过眼前这条沟，看着他们的身影逐渐变成了小蓝点又慢慢消失，我们猜测他们可能找到路走到沟下了。又过了一段时间，我们已经不能凭借肉眼看到他们，本想派无人机去探探情况，又逢风大，无人机起飞后又不得不降落。不知道他们走到哪儿，我们心里就更没底了，这时候有队员想起了测距仪，于是我们拿着测距仪一点一点移动方向，终于在山坡上发现了一个小蓝点，"小蓝点"手中提着一个反光物迅速地往下坡方向跑，大家都在猜想这个反光物是什么，这时王浩老师突然想到那可能是装样品的塑料袋，据此我们判断那"小蓝点"一定就是李超师兄了。终于发现了队员的身影，大家都很惊喜，但与此同时，我们也开始为现实情况担忧：距他们出发已经过去了半小时，但想到达沙丘还有很远的路要走，在计划的时间内他们无法到达沙丘顶端。俗话说望山跑死马，看着近，但真走起来距离还远着呢。我们在相机和测距仪的帮助下发现他们分成了几组，按照不同的路线在走：一组在右边，围绕着一个剖面在不停地转圈，好像是在观察什么；一组已经翻过了左边的沟，到了左边的坡上；还有几个人我们一直看不到。天色渐晚，为了按时赶回拉萨市区，我们只好打开对讲机与他们沟通，让他们抓紧时间返回。幸好对讲机被及时接通了，翻到左边坡上的几个队员告诉我们，上去的路太难走了，他们3人计划另寻新路；此时在右边看剖面的胡老师和杨老师接到消息后开始原路返回；而肖老师孤身一人，他计划先与3人组会合。为了能让我们掌握他的位置，他把衣服反穿，露出了红色的内里，这一看就是经验丰富的"老野外人"了。虽然得知了他们的计划，但在我们所在的位置来看，他们想要回到出发点，必须翻过一条大沟，而我们仅能看到这条沟的位置，并不知道下面的具体情况，也就无法判断翻越的难度，而如果不回到出发点，走另一条路顺着脊线下山也要跨过一条小河，无论是翻过山沟还是越过小河，都不是容易的事。不清楚他们是否知道自己即将面临的挑战，为了不增添他们的心理负担，我们未告诉他们这些，我们能做的就只有耐心等待，在他们需要的时候提供帮助。根据我们的观察，3人组一边找路一边往回赶，2人组也离我们越来越近，"小红点"却一直没动过，我们判断肖老师在与3人组会合后在原地继续等待李超师兄，等到2人组与我们会合时，3人组也传来消息：他们计划一直下到公路旁，在路旁等车队。这时肖老师也终于与李超师兄会合了，我们很激动，但奇怪的是，我们注意到他们两个会合后一直待在原地。顾不上他们，我们要先了解一下3人组是否找到了可行的路，再告诉肖老师和李超师兄可不可以沿他们的路线走，幸好3人组告诉我们他们在和肖老师保持联系，可以随时沟通下山路况，我们这才松了一口气。直到3人组快到达目的地的时候，肖老师和李超师兄也走到回程的一半处，我们决定去路边接他们。在路旁接到他们时，师兄们提着蹚过水的鞋子和满满的样品袋向我们跑来，一个个风尘仆仆却面带笑容，回程时聊到李超师兄和肖老师为什么会合之后还待在原地，师兄说，他们在取样。那时我既觉得不可思议，又觉得有些好笑。他们对科研工作的热情与责任让我觉得不可思议，走了那么远的路，在那种情形下还惦记着采样，这群人有些"荒诞"又非常可爱。

这次的沙丘之行也让我开始反思，作为一名自然地理学

寻找队员

专业的学生，背诵再多的概念，也不如亲眼所见。见到实物后，可以通过自己的所见来描述这个事物，形成概念。许多的地理过程难以理解，但当自己身处特定的地理环境中，就会恍然大悟，看似复杂的过程在那样的环境中就是理所应当的。不实践，只背书，那是纸上谈兵；不出门，想学好地理，看来是异想天开。

⑩ 攀爬雅鲁藏布江爬坡沙丘

◎李 超

  经过多日高原跋涉，昨日终于到达令人神往的"日光之城"——拉萨。稍事休整，今天上午董老师主持召开了科考活动开展以来的第三次会议，讨论了沿途发现的一些问题，调整了部分工作安排。会议结束后，董老师提议下午去曲水县考察爬坡沙丘。因考察内容涉及的学科范围有限，本来计划只带领少数队员前往，但是大家热情高涨，纷纷报名参加。来高原之前我便对雅鲁藏布江峡谷的爬坡沙丘有所耳闻，但一直无缘目睹，这次机会难得，我自然不甘落后，因此主动请缨承担沉积物样品采集工作（图1）。

图1 攀爬爬坡沙丘采集沙样

　　驱车1小时，车队到达了预选的考察点附近。队员们刚下车就被眼前的一条小河拦住，虽然河面不宽，但水流湍急，河水冰冷刺骨。为安全起见，董老师建议大家绕道从一条由枯树干做成的小桥通过。要考察的爬坡沙丘位于一座海拔约4000米，坡度大于10°的山坡中上部。站在山前，董老师现场教学，为我们详细讲解了爬坡沙丘的发育环境、形态、物质组成和形成过程等。

　　爬坡沙丘属地形障碍沙丘，指当沙丘移动受坡度大于8°的山体阻挡时，沙在风力作用下沿山坡上升而形成的具有落沙坡的沙丘。广义的爬坡沙丘类型包括：回涡沙丘、爬坡沙丘、崖顶沙丘、背风沙丘、落坡沙丘和风影沙丘等。爬坡沙丘形态多样，排列常不规则，走向依山势而变，并可能受到植被和流水作用的影响，呈现出固定、活化和侵蚀的变化过程。虽然爬坡沙丘仅属于"次要沙漠"范畴，但分布十分广泛。非洲撒哈拉沙漠中部（图2b）、美国加利福尼亚的莫哈韦沙漠、以色列的内盖夫沙漠和中国昆仑山北麓地区等都有爬坡沙丘分布（图2a）。

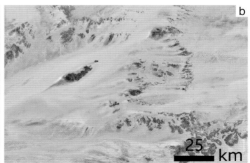

图2　a 昆仑山北麓爬坡沙丘；b 非洲中部的爬坡沙丘

　　脚下是向前蔓延的成片草甸，碧空白云下，青山苍翠，远处山脊隐约分散着破碎的岩石，半山处裸露着连片的黄沙（图3a）。经过一番准备，队员们携带好必备的采样工具开始向山上进发。俗话说：看山跑死马。这话一点没错。尽管开始爬山前我们已经做好了路线规划，但翻过眼前的小山丘后发现，后边的路和我们起初看到的完全不同，原计划两小时完成的工作被严重低估了。

　　从山麓到山顶，沉积物自下向上不断发生变化。最早出现的是被褐色苔藓覆盖的红色沙质沉积层，质地松软，轻轻敲击后便破碎为小碎块（图3b）。山的中部被碎石和沙土覆盖，但在一道沟旁发现粉沙质沉积层，粒径约100微米。这种沉积层与周围沉积物形成鲜明对比，不仅粒径较小，经过流水的侵蚀作用后呈现出良好的直立性（图3c）。登至山脊处，发现严重风化的连片破碎砂岩，砂岩周围散落着粒径约3毫米的小砾石。显然，暴露在高原地区的岩石受到了严重的风化作用（图3d）。行至此处，众人皆筋疲力尽，我自认登山必登顶，在与领队反复沟通，确保安全的前提下，独自继续前行。约莫半小时后，终于到达爬坡沙丘裸露沙地的下沿，地表沉积物为粒径约150—300微米的细沙，手感与常见的风成沙无异。卸下装备，取出工具，沿垂直方向在30厘米深度剖面上每隔5厘米取样沙（图3e）。采样完毕后，继而返程，下山路途中，行至不同海拔高度处，我又分别采集了样品。俗话说上山容易下山难。下山路途更为艰辛，脚下沙粒粗糙，很容易滑落，有几次差点滑倒，心情十分忐忑。约40分钟后，终于到达坡脚处，心里终于松了口气。坡脚沉积物多为细沙，其中还夹杂着粒径约3—4毫米的砾石（图3f）。

　　通常，爬坡沙丘由上段风蚀槽、中段过渡区和下段堆积区组成的风沙活动带构成。沉积物粒径特征是反映风沙动力

图3　雅鲁藏布江曲水段爬坡沙丘：a 沙丘远景；b 沙丘坡脚古风沙沉积层；
c 沙丘中部细沙沉积层；d 沙丘中部严重风化的岩石；e 沙丘上部表层沉积物；
f 沙丘坡脚表层沉积物

过程的关键因素，具有重要的环境指示意义。根据已有研究，雅鲁藏布江峡谷爬坡沙丘沉积物以细沙和极细沙为主，中等或较好分选，细偏，并呈多峰态。爬坡沙丘沉积物组成在揭示其形成和演化过程方面具有重要作用。实地考察雅鲁藏布江峡谷爬坡沙丘之前，我曾简单地想象爬坡沙丘就是沙子被搬运至山体上沉积形成的。但是，事实比我想象的要复杂得多。经过调查发现，发育在高原干河谷中的爬坡沙丘既受到植被的影响，又受到流水侵蚀和气候变化的影响。关于爬坡沙丘成因的探讨众说纷纭，但都离不开对沉积物来源、地形和局地流场特征的分析。形成爬坡沙丘的物质主要来源于流水、湖相沉积物以及古沙丘活化，常受到风水交互作用的影响。同时，山体风化碎屑物质也可能是重要的沙源。

在对爬坡沙丘进行沉积物采集的过程中，我惊奇地发现远远看上去被绿色覆盖的山体下多为沙质沉积物，仅在山势较陡峭处露出岩石。可以推断，雅鲁藏布江峡谷爬坡沙丘在活跃期的分布范围要比现在看到的更加广泛。这一特征非常类似于半干旱区荒漠草原，地表植被覆盖度对环境变化具有很高的敏感性。尽管从实地调查中发现了岩石风化碎屑物质，但目前无法判断其对沙源贡献率的大小，也无法判断山顶的沙子到底是由风力搬运自河谷还是就地风化而来。因此，对爬坡沙丘形成过程的探究还要继续，这将对理解雅鲁藏布江河谷环境演变和风沙活动具有重要的意义。

整个路途中，我们发现沿雅鲁藏布江左右两侧分布着大量爬坡沙丘，且沙丘的面积很大（图4a、4b），风沙活动对当地环境威胁巨大。尽管当地政府已经对部分沙地采取了工程措施，利用尼龙网格和草方格进行固定，在雅鲁藏布江漫滩植树造林（图4c）。但是，更多的沙地仍处于原始裸露状态。这对于雅鲁藏布江峡谷风沙危害程度的研究具有重要的现实意义，我们需要量化分析风沙入江和谷风携沙的多少，了解爬坡沙丘扩展的速率，认识独特高原峡谷环境中风沙输移的过程，为防风固沙措施提供理论依据。此外，我

图4 雅鲁藏布江流域爬坡沙丘：a 新月形爬坡沙丘；b 陡峭山坡上的沙丘；
c 被尼龙网格固定的爬坡沙丘；d 林芝峡谷佛掌沙丘

们还应该认识到雅鲁藏布江峡谷爬坡沙丘的美学价值（图4d），为旅游开发提
供指导建议。

⑪ 途中科学问题

◎ 肖锋军

从海拔四五百米的西安到四五千米的青藏高原，沿途的自然环境也发生着显著变化。这是我第一次进藏考察，看到了很多以前只能从教材、视频和文献中看到的现象，获得了更加直观的认知。

◎ **高海拔地区冻融侵蚀**

青藏高原海拔高、气温低且岩性比较单一，山顶部位易在冻融作用下遭受风化剥蚀，最终形成顶部基岩裸露、中部和下部植被覆盖的显著对比格局(图1a)。山顶剥蚀的岩块、砾石和泥沙颗粒等物质在重力和流水的作用下沿坡下移，形成冲沟。这在低海拔地区是没有的。

在沿途的多个地方还发现山体下部的植被呈现近似水平阶梯结构（图1b）。有些地方的台阶有很小的坡度，并不完全水平，是由当地牛羊等牲畜上下山践踏所形成的。但图中则非常平直，可能与土壤层较薄以及冻融作用有关。青藏高原地表土壤层非常薄，沿途考察的多个地方的草甸土壤层厚度都只有10—25厘米左右（图2b），下部即为较松散的母质。因此上部土壤层相对下部较容易滑动，而且

图1　青藏高原山体冻融作用和滑坡结构

呈现水平阶梯的植被通常位于山体下部坡度较陡峭的位置。图1c中的滑坡体有明显的横向裂隙，其结构是弧形，和图1b中的有很大差别。图1b中的更加平直，其形成机制应该只是类似滑坡，但尺度要小很多，可能是表层植被和土壤在冻融作用下向下坡方向蠕移形成。

国道317的当雄县附近道路损毁非常严重，大段原来平坦的公路变得泥泞且凹凸不平，就是冻融作用使其路基变得不稳。同时，一些平坦的公路边也出现了很多冻融形成的凹坑，严重危害交通安全。

近些年，我国制定了很多优惠政策和扶持措施以促进西藏自治区的经济社会发展，明确将改善农牧民生产生活条件、增加农牧民收入作为西藏经济社会发展的首要任务。考察途中也看到了大量非常漂亮且具有民族特色的新建村镇。这

图2　a 公路边山体护坡工程混凝土剥蚀；b 表层土壤

些建筑大多为混凝土结构，在高海拔地区易遭受冻融危害。如图2a中道路边小型护坡工程上的混凝土已经出现剥落现象。因此，我国还需研发更加耐冻融作用的水泥和建筑材料。

◎河谷沙丘和爬坡沙丘

在雅鲁藏布江河道和两岸看到如此多、如此壮观的沙丘，这是在出发前不可想象的，即使在文献和照片中也曾看到过。很多学者认为只要是两岸山坡上的沙丘就是爬坡山丘，这和爬坡沙丘"climbing dune"更强调"爬"而不仅仅是在山坡上有些混淆。经过这次科考和董治宝老师的解释，我认为存在两种可能。第一种，河道中沉积的沙粒物质在风力作用下向两岸运动并慢慢向山坡上部运动，这就是传统意义上的爬坡沙丘。第二种，沙粒物质可能源于山上基岩的就地风化。如图3a中山顶（红框所示）也有沙粒物质和沙丘分布，而且大量植被把山顶沙丘和山体下部的河道沙源隔离，很难判断是哪种物质来源，抑或是混合模式。由于山体过高，加之本次科考设备准备不足、时间有限，我们未能登顶实地采样，从而难以验证其形成机制。

沙源的问题还需要从河道到山顶位置系统采集沙样，挖掘剖面并分析沉积结构、粒度变化、化学元素和测定年代来进一步厘清。但研究中可能还会遇到一些新的问题。第一，图3b和3c中山坡上很多区域的沙丘已经有了很好的植被覆盖，根据灌木粗细可推测至少有上百年了。也就是说，这些沙丘存在的历史可能非常长，而且可能经历了多次固定和活化。第二，如果河道沙粒是两边山体的风化产物，那么很可能难以从化学元素角度区分是河道沙源还是就地风化沙源。

图3　abcd 雅鲁藏布江河道和两岸沙丘

◎沙波纹和沉积结构

　　沙波纹是松散沙粒物质地表最常见的微地貌，但是雅鲁藏布江的沙丘上由于有水分的大量存在，呈现出有别于中国西北地区沙漠中沙波纹的新现象（图4）。在图3d的佛掌沙丘上还观测到很多非常特殊的层理结构，这有待深入研究。图4a中沙波纹脊线延伸方向为上下方向，降雨后，波峰位置沙粒在太阳日照和风力的作用下已经干燥，而波谷位置还是潮湿状态，因而可以看到明显的明暗条带变化。图中中下部分还可以看到和沙波纹延伸方向垂直的横向层理结构，可能是沙丘落沙坡沉积形成，但没有剖面层理结构验证。图4b中则是局部沙丘表面干燥后进而形成的沙波纹，而周围因水分较多还没有形成沙波纹。

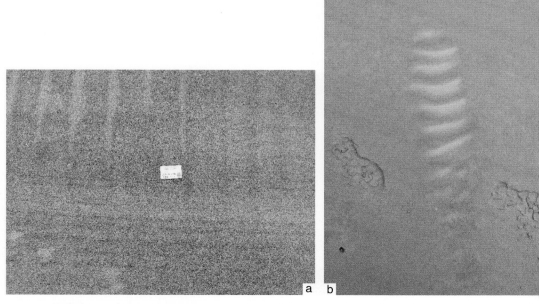

a　b

图4　ab 佛掌沙丘上的沙波纹以及水分的作用（左图中心位置的身份证为比例尺）

　　佛掌沙丘上从沙丘底部直到顶部还有很多层理露头（图5）。这些层理的倾角从接近水平到呈一定角度，各种情况都有，非常复杂，其形成机制还不清楚。通常沙丘沉积结构中只在落沙坡形成比较平直的沉积层理，且其倾角都接近沙粒的休止角，即34°左右。可能由于沙丘中水分含量大进而造成局部整体滑坡，使得原来的34°左右层理面转变为各种更小倾角甚至水平。沉积层理也反映了当时的风动力条件，图5b中层理结构可以分为三组，图中红色和蓝色虚线即为分界面。Ⅲ组形成最早，之后在风力侵蚀后再沉积为Ⅱ组，最后形成的Ⅰ组则看不到明显的层理。图5c是挖开的一个小剖面，可以大致看出层理面总体呈向下趋势，但在尾部略微上翘，这很可能是该位置沙丘水分含量较大，蠕移能力增大而下移，并在移动过程中遇阻而上翘。

　　在2019年3月30日的《地理中国》"手掌沙"节目中，中科院地理科学与资

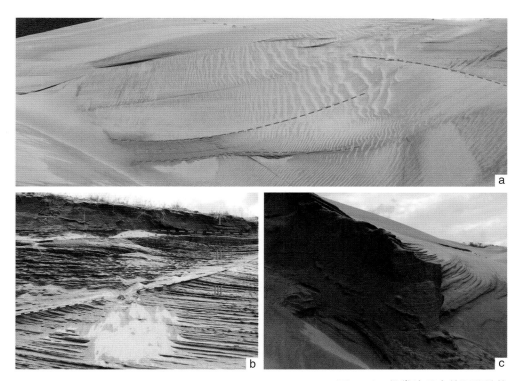

图5　abc 佛掌沙丘中的沉积结构

源研究所专家推测，该沙丘是在特殊地形下风力输运河道泥沙物质长期堆积形成的。但是，佛掌沙丘的形成机制还需要借助探地雷达从其沉积结构入手以及挖掘剖面或打钻勘察沉积物的方式来揭开。

◎ **植物环和植物链**

此次考察中，我还在雅鲁藏布江两岸山脚下的沙丘和冲积扇上看到了很多多年草本植物形成的植物环和植物链（图6）。文献中曾报道过类似的植物环现象，其中一种是因地下白蚁穴的存在而形成，白蚁穴的边界就是植物环的位置。但是，本次考察发现的植物环都比较小，图6a中以矿泉水瓶为参照物。推测可能是在土壤养分不足的条件下，初始植物较小，生长在植物环的中心位置，但随着多年生长，植物为了获取更多养分只能向周围扩展，从而形成植物环。图中不同直径大小的植物环可以间接证明这一推测。植物链则是植物呈长条状分布，其形成可能和山坡上下来的地表流水以及侵蚀有关。

西藏自治区有着优越的旅游资源，旅游业已成为支柱产业。河谷风沙地貌这种特殊的地貌类型也可以作为旅游资源开发利用，为全国甚至全世界游客提供新的旅游景点。宁夏中卫市沙坡头景区以及其他地区的沙漠景区每年都吸引着大量游客，为当地带来巨大的收益。西藏的这些沙丘也可成为非常好的旅游资源，但目前的知名度还不足，希望未来能吸引更多游客。河谷和山坡上的沙丘并不需要全部都进行防沙固沙。在不影响道路和建筑安全的条件下，一些河道沙丘可以参照我国西北地区沙漠景区模式开发沙漠车等游乐项目，河道两岸山坡上丰富的爬坡沙丘也可以开发为滑沙项目。

本次科考，我见到了很多自然地理现象，也对藏族人民的生活方式有了更多的了解。同行的各位不同专业和研究方

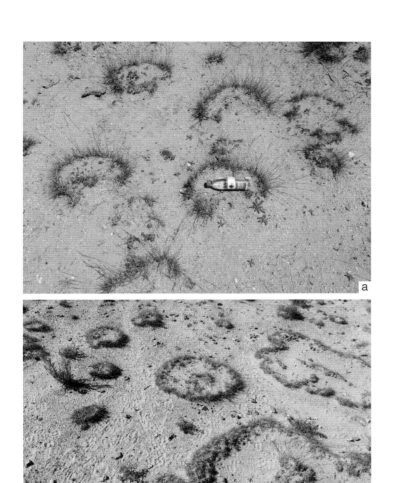

图6 ab 植物环和植物链

向的老师也都从自己专业的角度进行了一些分析和解释，但仍然留下了大量的疑惑有待深入探究。期待未来有更多机会来青藏高原开展考察研究。本次科考也对我个人的科研工作产生了很大影响。风沙地貌研究不能只关注现代地貌，因为沙丘和沙漠形成的时间太长，所以需要将现代风沙地貌和沉积结构联系起来，才能更好地揭示风沙地貌的形成和演化规律。

⑫ 科考收获

◎ 焦 磊

我非常幸运地参与了第二次青藏高原综合科学考察。历经26天的野外科考，是我与青藏高原亲密接触，深入了解青藏高原的自然地理、人文历史的好机会。从国道317进藏，国道318出藏，一路穿越藏东南波涛汹涌的大江大河、翻越了气势磅礴的名山大川。这两条著名的旅游公路，风景秀丽，让人流连忘返。

本次科考的主题是"重大建设工程的生态风险与生态修复"。科考队员先后考察调研了昌都江达县西部矿业的玉龙铜矿、拉萨的旁多水电站、山南的江南矿业罗布莎露天矿区等建设工程，并对生态修复进行了实地调查、取样。同时，科考队员沿途还开展了道路工程生态影响及其修复的植被、土壤和水文调查，获取了样品，无人机拍摄了高清的影像。科考队员还与曲松县相关职能部门的负责人进行了座谈，深入了解县域道路建设、矿产开发和水电开发等工程的空间规划、运行、生态修复等方面的情况。通过上述的考察和调研，队员们获得了大量的资料和数据。

在科考途中，董老师召集全体队员召开了4次科考讨论会，经过董老师的梳理和总结，科考队员们对本次科考区域的生态环境问题、自然地理现状、建设工程生态风险等方面有了明晰的认识，也为下一步的工作指明了方向。

◎玉龙铜矿

2020年7月29日，考察队一行来到西藏自治区昌都市江达县青泥洞乡境内的玉龙铜矿。玉龙铜矿位于宁静山下，海拔4569—5118米，铜金属储量居中国第二位，矿床规模与经济价值巨大。玉龙公司融采、选、冶、销为一体，是西藏现代工业的标志性工程，开创了在4500米以上的高原地区发展有色金属工业的先例。

但是，高原地区生态环境脆弱，大规模的铜矿开采必然对生态环境造成不可逆的严重影响。通过查阅资料和实地考察，我们了解到玉龙铜矿所在区域的自然地理特征：昌都市位于我国著名的有色金属成矿带和海相火山沉积铁带，其中玉龙—芒康成矿带，主要成矿期为燕山—喜马拉雅期，在浅成、超浅成的花岗斑岩或二长花岗斑岩中，形成规模宏大的斑岩铜多金属矿带。同时在接触带矽卡岩中也有铜铁多金属矿床。从气候方面来看，这一区域属大陆性气候的半干旱高寒地区，年最高气温17.5℃，最低气温-19.4℃，月平均气温6—8月较高，10月下旬开始有表层冰冻，最大冻土深度约150—180厘米，4月下旬开始融化，5月全部解冻。从植被方面来看，植被类型主要以高寒草甸为主，优势植被物种包括马先蒿、苔草、委陵菜、独一味、火绒草、莎草、水蓼、金露梅等。土层较薄，大约30—60厘米。

同时，为了进一步了解铜矿开采的工程措施与布局，考察队员首先与工作人员座谈，随后参观了玉龙铜矿规划展览馆，在征得同意后，参观考察了玉龙铜矿一期和二期的开采区，明确了土体剥离、岩层开挖、道路施工、尾矿库、运输等工程措施。考察过程中，下起了雨，矿区道路积水严重、泥泞不堪，引发了考察队员对矿区安全及雨水流动导致污染问题的担忧。

玉龙铜矿开采时间长，很早就采取了生态修复措施，这些修复措施有哪些、如何布局、效果如何、是否可以进一步改进，这些问题是考察队员非常关心的问题，也是此行的重要目的之一。为了探明究竟，考察队员在矿区范围内做了细致的调查、取样。矿区内主要的恢复措施有人工种草、草皮移植等，通过植被样方调查发现，人工种植的主要是垂头披碱草、苔草等物种，覆盖度接近60％。草皮移植主要从开挖区域把地表20—30厘米的土层和地表植物整体剥离，再移到其他地区继续生长。因为土层中包括了大部分的根系，所以植物的生长并没有受到太大影响，玉龙矿区内主要移植的植物群落是马先蒿群落。不论是人工草地还是移植草地，都主要分布在矿区入口的道路两旁，在矿区内部的开采施工区，由于道路不通和安全等原因，考察队员很难了解生态修复的状况。

①

玉龙铜矿是青藏高原具有代表性的矿产开发工程。对玉龙铜矿的考察，是科考队员第一次深入高寒地区的矿区，也是对矿产开发工程的一次全面了解。虽然受到诸多方面因素的影响，考察内容有限，但是科考队员还是收获很大，不仅了解了矿产开发工程的布局和措施，也掌握了矿区生态修复的主要方式，还获取了第一手的研究数据和资料，为重大建设工程生态修复研究任务的推进奠定了基础。

◎旁多水利枢纽工程

2020年8月5日，考察队员一行5辆车从拉萨出发前往旁多水利枢纽工程考察。旁多水利枢纽地处拉萨河流域中游河段，坝址位于林周县旁多乡下游1.5千米处，距拉萨市直线距离约63千米，工程的开发目标以灌溉、发电为主，兼顾防洪和供水。水库总库容12.3亿立方米，具有年调节性能，设计灌溉面积65.28万亩，装机容量16万千瓦，为Ⅰ等大（1）型工程。枢纽主要由沥青混凝土心墙沙砾石坝、泄洪洞和泄洪兼

①② 玉龙铜矿开采区和尾矿库

导流洞、发电引水洞、电站厂房以及灌溉输水洞等组成。工程施工总工期为72个月，总投资为45.75亿元。

评估水电开发和建设工程对生态环境的影响是本次科考的主要任务之一。科考队员通过讨论，确定了水电工程生态环境效应的主要方面：首先是对局地气候的影响。大面积蓄水的出现，改变了下垫面，大气温度和相对湿度有所改变，由于低温效应的出现，周围一定距离内降雨量会有所增加。

旁多水利枢纽1

其次是对水文情势的影响。水电工程的建设和运营改变了河流的流量，可以减弱季节性洪峰，改变河流不同阶段的水位，改变水循环。再次是改变河流泥沙。水电工程建设改变河流上下游河道泥沙输移和沉降模式，泥沙运动规律也有所改变。还有对河流水质的影响。水电工程建设期间对河流水质的影响较明显，改变河水的pH和硬度等。最后是对水生生态的影响。上述的气候、水文情势、河流泥沙、水质等必然会进一步影响河流生态系统，改变水生生物的生长环境，对水生生物生活史、物种组成、生物多样性等影响较大。

位于拉萨河流域的旁多水利枢纽工程对生态环境有什么影响？科考队员带着这些问题开展了考察、调查和取样工作。在工作人员的带领下，科考队员首先参观了水库坝体，工程负责人详细介绍了水利枢纽的建设历史和蓄水规模，就科考队员关心的生态影响和生态修复等问题做了解答。据负责人介绍，水库建成后，区域小气候确实有所改变，水库周边坡面上的植被越来越绿。这一点引起了科考队员的浓厚兴趣，为一探究竟，科考队员在水库周边的坡面上做了详细的植被调查和土壤采样。科考队员还参观考察了水电发电机组和总控室，对水电开发工程有了详细的了解，科考队员就各自关心的问题咨询了工作人员，收获颇丰。

◎国道318

本次科考的一项重要任务就是对道路工程的生态修复和生态风险进行考察和评估。可以说，科考队从国道317进藏，一直赶路，对国道317道路的考察、调研较少。本次科考对道路工程生态效应的调研和考察以国道318为主。

国道318是连接中国华东、华中、西南地区的一条国道，起点为上海市黄浦区，终点为日喀则市聂拉木县，全程5476千米，经过上海、江苏、浙江、安徽、湖北、重庆、四川、西藏8个省市自治区，是中国最长的国道。在西藏自治区内，国道318沿途风景秀丽，有很多风景名胜区和网红景点，被称为"中国人的景观大道"。"此生必驾318"成为很多驴友的追求。

本次科考对道路工程生态修复的考察主要从以下几个方面实施：第一是道路对生态系统完整性的影响。通过设置道路不同距离的样方，调查对植物群落的物种组成、盖度、生物量的影响，并获取土壤样品，明确植被和土壤的变化，从结构和功能两个方面评估生态系统的完整性。第二是道路对景观格局的影响。采用地面调查—无人机拍摄—卫星遥感相结合的方法。依据景观生态学原理，研究道路工程背景下景观格局的变化。科考队中的薛亮老师是这方面的专家，科考途中的无人机操控都是薛老师完成的。第三是道路对水质的影响。青藏高原湖泊众多，是我国最大的湖区之一，占全国湖泊面积的35％以上，同时青藏高原是亚洲诸多大江大河的发源地，道路与湖泊、河流相连接、相交错，因此道路工程对水质的影响也需要认证考量，本次科考队员在雅鲁藏布江等河流获取了水样，以开展进一步的研究。

在本次科考途中，我们还做了一件非常有意义的事情。今年受疫情影响，本科生的中国地理课程野外实习未能成行。在科考队出征以前，我和李晶副院长聊起了实习的事情，她建议我们可以借助这次青藏科考做一次"线上"实习，可以做直播也可以录视频。这是非常好的建议！青藏高原有着讲不完的地理学素材，而且科考团队中老师们的研究方向涉及地理学的多个领域。沿国道317进藏途中，因行程紧凑，录课的工作到了拉萨才开始。第一课是围绕雅鲁藏布江河谷的沉积剖面，刘小槺老师讲解了剖面的沉积历史和气候学价值，并且实地开挖取样。第二课的主题是爬坡沙丘，邀请我国著名的风沙地貌学家董治宝教授讲解了爬坡沙丘的类型和成因。随后，几期的录像课围绕沙地治理、植被变化、道路和旅游的关系以及干热河谷等主题。虽然视频质量有所欠缺，却是一次不错的尝试。

野外考察只是科考工作的一部分，更大量的工作需要在实验室、办公室继续进行。科考依然在路上，是旅途，更是征途。

雅江河谷全新世剖面.mp4

河谷地貌景观差异.mp4

爬坡沙丘的类型.mp4

沙化治理.mp4

植被垂直变化（林芝米林县）.mp4

佛掌沙丘.mp4

河谷沙丘地貌成因分析.mp4

雅江河谷沙地植被.mp4

录像课视频截图

⑬ 考察亚洲第一大铜矿

◎王 浩

玉龙铜矿位于西藏自治区昌都市江达县青泥洞乡。玉龙铜矿区向南有约9千米的简易公路与国道317（川藏公路北线）相接，其交接处为矿区的办公和生活区。这里西距昌都140千米，邦达机场270千米，拉萨1270千米；东距江达县城80千米，成都1150千米。矿区沿国道317往东经四川的甘孜、泸定至汉源接成昆铁路乌斯河货站，全长1030千米，交通尚属方便。运输目前全部依赖公路，绝大部分的运输车辆为5吨载重卡车。

从自然地理的角度来说，矿区位于青藏高原东南角金沙江与澜沧江之间的宁静山脉北段，属于青南藏东川西高原区，海拔标高4100—5245米。高山峡谷，地形切割较强烈，相对高差达700米以上。地貌类型以高山构造剥蚀地貌类型为主，侵蚀溶蚀地貌、侵蚀堆积地貌及冰川地貌次之。山顶多为裸露岩石，山坡及沟谷植被主要为高山草甸和灌木。矿区属大陆性气候的半干旱高寒地区，年最高气温17.5℃，最低气温 -19.4℃，最大冻土深度约150—180厘米，4月下旬开始融化，5月全部解冻。

矿区年降水量1210毫米，年蒸发量为960.7毫米，6—9月以混合态阵性降水为特征，11月到次年4月多降雪。2—3月常有5—6级西北大风，最大风速13.6米/秒。总体可以概括为四季不分，气象多变，日照时间长，紫外线辐射强，气压低，缺氧，气候垂直变化明显，地表水资源丰富，径流快，随降水暴涨暴落。

　　尽管自然地理条件相对艰苦，但玉龙铜矿的开发对我国矿产资源的利用及地区经济发展的意义重大。作为我国20世纪60年代发现的世界级特大型多种有色金属伴生矿，玉龙铜矿是我国目前保有储量最大的斑岩、矽卡岩复合型铜矿，是世界上60个特大铜矿床之一，初步探明铜金属储量650万吨以上，远景储量达1000万吨。该矿被发现以后，由于受自然环境、交通、电力以及资金等因素制约，一直未被开发。近年来，在西部大开发、国家加大援藏力度等政策的激励下，随着金河电站建成发电、川藏公路317和318线改造升级工程实施，制约玉龙铜矿开发的交通、电力、通信等问题均已基本解决，工业试验阶段已于

玉龙铜矿办公区

2004年9月份全面展开。玉龙铜矿的开发建设，填补了我国巨型铜矿少、品位低的空白，可缓解我国铜供需矛盾，同时可加速实现西藏经济的自我积累和发展，对西藏经济的可持续发展乃至整个国家的建设都具有重大意义。

玉龙铜矿的开发开创了我国在4500米以上的高原地区发展有色金属工业的先例，但同样是由于地区的高海拔特性，其生态环境十分脆弱，矿产资源开发过程中的生态环境问题及应对措施亦显得十分重要。玉龙铜矿床中，Ⅰ号矿体是主要矿体，且其矿体埋藏浅、规模大、矿体的赋存条件和水文工程地质条件简单，适合于大规模露天开采。本次考察的主体也是围绕Ⅰ号矿体展开，针对矿产开发中的几个主要环境问题，在考察过程中，科考队对矿山的环保建设进行了初步了解。

一方面，针对水资源影响。在矿山范围内，从采掘生产地点、选矿厂、尾矿库、废石场、排土场等地点排出来的废水统称为矿山废水。由于矿山废水排放量大，持续性强，而且含有大量的重金属离子、酸和碱、固体悬浮物、各种选矿药剂等。因此，矿山废水在排放过程中会严重污染矿山环境。玉龙铜矿选矿厂位于玉龙沟的上游支沟玉垄弄，尾矿库位于玉龙沟中游。根据矿石的特点，采用浸出—萃取—电积工艺，设计废水处理后循环利用，整个选、冶矿流程基本无废水排放，只需补充少量新水。

另一方面，针对土地的破坏和侵占。露天开采占用并破坏了大量土地，其中占用的土地指生产、生活设施所占的土地，破坏的土地指露天采矿场、排土场等为矿场、塌陷区及其他矿山地质灾害破坏的土地。玉龙铜矿区及其附近为夏秋季牧场，无耕地、房屋和森林，矿区针对土地进行的植被恢复以高寒草甸的整体移植养护为主，辅以人工草种的恢复建植。由于地区草地生态系统较为脆弱，后期恢复难度大，因此在矿区建设初期，将具有保护价值的草皮进行整体移植保护，并在开采结束后对土地予以回填，覆以最初移出的草皮，较好地实现了矿区植被的恢复和保护。科考团队克服困难，在5100米的高海拔针对矿区已经恢复的植被进行了细致的考察采样，并对天然和人工恢复的植被进行了对比，同时对土壤样品进行了保存，以便回程后进行重金属残留等性状分析。

　　总体来说，本次针对玉龙铜矿的考察收获颇丰。作为此次青藏科考中接触的第一个矿业工程，玉龙铜矿的考察结果使得整个科考团队对高海拔地区的矿产资源开发建设有了更为深切的体会和了解，对工程建设中涉及的问题和解决方法有了直观的认识。结合各科考队员的专业知识和相关文献，大家对在未来考察中如何做好青藏高原矿产建设工程的生态恢复效益及生态风险评估工作有了清晰的认识，对更好地完成本次青藏科考的工作任务充满了信心！

玉龙铜矿矿场操作区

⑭ 科考饮食

◎杨文慧

科考路上的饮食，令人印象深刻，无论是日常的工作餐，还是计划之外的小惊喜，都值得细细回味。

一行20人的队伍，吃饭是个大问题，我们采取的策略是以团餐为主，以自由用餐为辅。团餐时，负责饮食的"财政大臣"杨林海老师每天费尽心思地变着花样给大家安排伙食，既要够吃，还要考虑菜色，可谓苦差。在舟车劳顿或者是自由活动的时候采取自由用餐的方式，满足大家的需求。提到饮食，令人印象深刻的有很多，但辣是贯串始终的主旋律。本次科考的路线是川藏线，沿途的饮食都以川菜为主，这对大家的吃辣能力提出了挑战。7月26日到达绵阳，挑战正式拉开了帷幕。到达绵阳时已经是傍晚了，据说绵阳火锅与成都火锅有所不同，于是放下行李，20人在火锅店门口排起了队。这顿火锅让我们真正体会到了四川的热情，也在雾气缭绕中拉近了队员的距离。

除了辣以外，回想起来印象深刻的还有：玉龙铜矿的工作餐、墨脱的石锅鸡以及最受大家青睐的陕西风味。在玉龙铜矿那天，结束上午的工作时已经两点了，站在长长的打饭队伍里，看着打饭手不抖的工作人员、实实在在的荤菜以及用料满满的玉米山药排骨汤，不禁感叹道：这是工作餐的极致！没有什么比工作后的一碗玉米排骨汤更令人动容的了！吃饭的时候，大家都对这顿饭称赞连连，脸上露出幸福的神情。其实一顿简简单单的工作餐也不是什么珍馐美味，至于为什么能让人如此满足，想必是潜藏在饭菜背后厨师的用心，正是这份真心使这顿饭更像是出自家人之手，不仅安慰着我们这些出差在外的旅人，更安抚着每一个辛劳的高原矿工。二是墨脱当地的特色——石锅鸡。那天同样是工作到下午两点多，车队在山腰盘旋了许久，终于找到一家饭店——老杨农家乐。经过漫长的等待，我们终于在4点过后吃上了午饭。饥饿永远是最好的调料，它使每道菜都很美味，但一道石锅鸡，却在这"饕餮盛宴"里成为明星。丰富的菌类使鸡汤厚重又不油腻，品完汤后再尝鸡肉，鸡肉煮到脱骨，入口即化又不失本味。了解过后才得知，这夺冠的石锅鸡是用特殊的炊具烹制的。这种石锅由皂石打造。皂石是一种变质岩，基本由滑石构成，含有多种矿物质。用皂石锅做菜对身体好。刚制作好的墨脱石锅是灰褐色的，经过多次使用，石锅就会蜕变成青黑色，通体油润。墨脱石锅吸水率低，密闭性好，便于保持水分，即使是在火势强弱不均时锅内的温度仍能保持均衡。用这样的锅熬汤，能使原材料不近火却充分吸纳热量。除了特殊的炊具，原材料也是有讲究的，鸡要选用当地的藏香鸡，然后与当地的新鲜菌类以及人参、薏仁、百合、红枣、枸杞等药材混合。在煨制的过程中，石锅中的微量元素会少量溶解到汤里，与丰富的原材料一起长时间熬成一锅汤汁浓醇、后味持久的鸡汤。三是陕西美食。虽然人在四川、西藏，但大家早已归心似箭，米饭与

①② 仙人掌果实

米线的软糯让这群西北人总是思念面食的劲道，因此陕西美食得到大家的大力追捧。每天饭点，一旦沿路有带"陕西特色"字眼的饭店，那一定就是我们当天解决餐食的地方，肉夹馍和各类面食永远是大家的最爱。犹记得在拉萨时，杨老师一行人发现了一家叫作"陕西老碗面"的店，还在群中晒了许久未见的大碗，第二天大家又纷纷奔赴这家店，重温陕西味道，店内一连几桌都是我们队伍的人，场面十分壮观。从西安到了拉萨，最想吃的却还是陕西老碗面，怪不得都说胃和心是一体的。

零食也是一出重头戏。野外工作的环境特殊，吃饭不及时十有八九，在饥肠辘辘时零食就是拯救世界的超级英雄。蛋黄派、米饼、巧克力派是最常出现的。后来怕司机师傅们疲劳，每辆车都备了"红牛"饮品。除此之外，每辆车都有标志性的明星产品，说到五号车那一定是可口可乐！起初，狂魔哥最喜欢可口可乐，可乐中的咖啡因和二氧化碳带来的刺激能让他在长途行驶中保持清醒。几天后，我们发现可乐还是缓解肠胃胀气的良药，因此，购买可乐就成了五号车每天的必备动作。仙人果是大自然的馈赠。回程在国道318上，我们惊奇地发现路边的货摊上，竟然有仙人掌的果实。仙人掌的果子也继承了仙人掌的特点，有刺。在采摘仙人果后，人们都会用刷子清洗，但清洗只能去除大刺，更麻烦的是那层绒毛一样的小刺。我们第一次买，并不清楚仙人果的小秘密，为了尝这一口鲜，扎了一手刺。拨开仙人果厚厚的盔甲，就是甘甜清新的果肉了，要说味道真还描述不清，但那股清香依然萦绕在舌尖。

味道总和回忆绑在一起，回想起来这段科考经历，可能不会记得当时的辛苦与遇到的难题，但当我看到可口可乐，看到仙人果，就一定还记得科考时的那一群人和那份感动。

⑮ 高原畅想

◎ 王明道

2020年7月下旬至8月下旬，第二次青藏高原综合科学考察陕西师范大学"重大建设工程的生态风险与生态修复"科考分队进藏科考，我有幸作为一名队员参加了部分行程，随同科考队从川藏北线国道317进入青藏高原并抵达拉萨。虽因故中途返回学校，未能走完全程，但这次科考之旅依然让我印象深刻，常有一些不吐不快的感触和心得，姑且以陋笔简记之。

◎ 身未动，心已西行

得知自己报名参加科考队的申请获得批准是在7月中旬。在科考队负责人董治宝教授的办公室，董老师走到墙上贴的中国地形图跟前，手指从西安出发向西南划了一条线路，说科考队已定于7月25日出发，要我做好随队出发的准备。顺着董老师手划的轨迹，一串串富有蕴含的地名映入眼帘：汉中、成都、都江堰、汶川、马尔康、甘孜、昌都、那曲、纳木措、羊八井、拉萨……脑海里不禁浮想联翩，想到了雪域高原，想到了人间圣境，想到了红军两万五千里长征，想到了虔诚信众千里迢迢磕长头的朝圣，甚至想到了1300多年前吐蕃松赞干布迎娶大唐文成公主……青藏高原，一个自带神秘和神圣光环的名称，一个引人产生无限遐思的地方，终于，我要走进你了！

俗话说，兵马未动，粮草先行。既然进藏行程已定，接下来的日子便是遵照董老师"做好出发准备"的嘱咐，做一些准备工作。虽从未去过西藏，还是知道进藏的最大障碍是高原反应。有热心朋友给了一些建议，有的说出发前两周就应该坚持每天冲泡红景天饮用，有的说最好备些扩充血管的药物。秉持有备无患的想法，我自然从善如流，按朋友们的建议一一作了准备，还特意在行前加强了晚间跑步锻炼活动（殊不知，进藏之前不应该多锻炼的！——这还是自己准备工作未到位的后果）。

日子在期盼和憧憬中很快过去。临行前的夜里，有点儿难以入眠，这种情况对于我这样脑袋挨着枕头就呼呼大睡的人来说不多见！似梦似醒中，隐隐听见窗外有淅淅沥沥的雨声，想着明日就要跟随科考队的专业越野车队一路向西，竟然有了"夜阑卧听风吹雨，铁马冰河入梦来"的豪迈之感。

◎ 这还是疫情期间吗？

7月25日，我早早醒来，左等右等，终于等到集合时间。赶到格物楼前，见科考队5辆越野车颇为气派地一字排开，科考队长长的横幅已经拉开，整个队伍犹如上弦之箭，就等队长董老师一声令下便可出发。科考队中，像我这样自从疫情发生后基本没离开西安的人占大多数，此次出行，也是疫情暴发以来的首次外出。西安的疫情常规防控措施仍处处可见，比如出入商场、超市、企事业单位仍须戴口罩、测温、扫码等，大街上大约有一半人还戴着口罩。

离开西安，途中除个别服务区（如秦岭服务区，进卫生间时必须佩戴口罩及检查体温，否则不予放行），大部分服务区基本上恢复正常状态。中午抵达汉中市，大家按疫情防控规定，分散开吃午餐。汉中街上几乎无人戴口罩，几乎见不到疫情的痕迹了。这一点与西安市不一样。晚上抵达四川省绵阳市，入住凯菲特酒店，晚餐体验独特口味的四川火锅。绵阳市更是难觅口罩的踪影，火锅店人满为患，广场上也是人头攒动，跳广场舞及参加健身娱乐活动的人一堆又一堆，令人怀疑疫情是否发生过，不禁让人心生疑惑：这还是处于疫情期间吗？看到街市上热闹的人群，熟悉的市井烟火气息，大家也很高兴：久违的正常生活回来啦！

◎ 地远心不远

车队从成都边上绕过，行经都江堰之后，沿国道317走了很小一段，其余大部分时间行驶于汶马高速—蓉昌高速（福州至昌都），经过理县，于晚上7点抵达四川阿坝州首府马尔康市，至此，海拔已抬升至2600米。

马尔康市依梭摩河两岸而建，沿河岸建成沿河公园，楼宇崭新，街道整洁，夜幕降临，灯火辉煌，景色可观。十几年前的强震痕迹完全见不到了。当日路程，均在川北地区，高速路边的羌、藏风格小楼，簇新锃亮。引起我们特别注意的是，家家户户门的楼上或是屋顶上都矗立着一面迎风招展的五星红旗。听曾在藏区考察过的队员介绍，此地房舍主要由政府出资修建，每年政府对农牧民还发放可观的生活补贴。后面的几天途经川西北的藏区、昌都市下辖各县的藏区，那里虽然民居样式风格有了变化，但每家一面国旗没有变。由此可见，羌族、藏族同胞们是发自内心地拥护中国共产党、热爱社会主义祖国。即使远在西南边陲，内心热切地想要表达对祖国热爱之情的热情比起内陆地区来，有过之而无不及。深入西藏腹地发现，深山之中的牧区民居非常简陋，家用什物不多且陈旧，但家家户户院子里或屋顶上一面面鲜红的国旗，仍然构成了一道亮丽的风景，在青山绿水间格外醒目。

◎ "走西口啦"

离开马尔康，次日中午1点左右，抵达四川省甘孜州炉霍县（海拔3200米），在"东北饺子王"餐馆用午餐，途中经过的小折山口，此时海拔已经上升到4300米。下午，途经甘孜（海拔3400米），翻越雀儿山口（海拔5050米，由于现已开通过山口的隧道，实际经过的最高处约为海拔4800米），晚上9点左右抵达德格县，入住德格宾馆，也称雀儿山宾馆。

在经过小折山口时，实际上已经进入海拔较高的青藏高原边缘。车队停在山口处，大家伙儿放眼望去，苍苍莽莽的高原显现出原始而又古朴的风貌，于是有人吆喝起来："咱们走西口啦！"有人顺口哼起了"哥哥你走西口/小妹妹我实在难留/手拉着那哥哥的手/送哥送到大门口……"虽然咱们科考队不是因为生活所迫而在黄土高原上"走西口"，但这次离川入藏的"走西口"，依然与生活有关，是为了让青藏高原更健康，让青藏高原上的人民生活更美好、更幸福。就此意义上讲，咱们科考队的西藏之行可谓是新时代的"走西口"，这个"走西口"走得值！

◎ 开始领教青藏高原的下马威

在经过小折山口和雀儿山口时，因为海拔高，科考队员中开始有人（包括我自己）出现头晕、头痛的高原反应。离开德格，就进入西藏自治区江达县境内，此后，海拔均不低于3000米。出川入藏，均须刷身份证登记。跨过奔腾的金沙江，即进入西藏境内的昌都市江达县。江边为"西藏解放第一村"，有当年解放军第十八军入藏相关遗址。金沙江为长江上游，向下流至宜宾才称作长江。

江达县城海拔3500米，位于山峡中，县城主街道沿国道

家家户户红旗飘

317排列房屋建筑，规模不大，甚至不如内地一些稍大些的镇子。国道317没有川藏南线的国道318名气大，少有旅游者经过，街面两边的店铺主要服务当地很少的常住居民，故生意不旺，甚是冷清。这天夜里，我开始有持续的、明显的高原反应：整夜处于似睡非睡的状态，辗转反侧，睡得很不踏实；脑袋也一直处于晕乎乎的状态，醒来时又有微痛感觉。

次日一整天，我的高原反应没有减轻，仍感觉明显，头发懵且伴有轻微头疼。在科考队出发前一周，即7月中旬，听几位来过西藏的"过来人"的建议，即开始每天用红景天泡水喝，但真正上到高原，发现无论是红景天泡水喝还是直接口服红景天胶囊，对我这样的高原反应者都毫无作用。科考队中还有几位老师同学也和我相似，不过似乎他们的反应程度比我轻。有经验的老科考队员分析说，我这样的情况应该与我平时在学校喜欢跑步锻炼有关，因为勤于锻炼者的身体需要更多的氧气，到了缺氧的高原自然反应强烈。此时回想起来，才发现自己出发前一段时间加强锻炼的做法，真是弄巧成拙！当天午休时还着了凉，下午即感到全身发冷，晚上裹紧被子发了几身汗，足足睡了9个多小时，直到次日早才感觉好了一些。

科考队中专业人士解释说，高原反应有两个主要外因：一是空气稀薄、气压不足；二是高海拔地区无高大植物，无法通过树木光合作用制造出足够的氧气（草原造氧能力大不如树木），空气中含氧量不足。直到抵达昌都市（海拔3200米），因海拔较低，林木繁茂，空气中含氧量明显增加，我的高原反应才基本消失，夜里的睡眠状况也得到明显的改善。几日来受高原反应的折磨，让我深刻地意识到，雪域高原不是任何人随随便便想来就能来的！

◎向科考队员们致敬

科考队进藏后，开始着手进行综合考察。第一站即是江达县玉龙铜矿，主要考察铜矿一号采矿区（海拔4750米）。该采矿区主采铜矿石，兼采铁、钼等伴生矿石。这个矿区规模较大，据矿区负责人介绍，一号采矿区预计可以开采50—60年。科考队员们按照各自的分工，紧张而又有条不紊地展开科考作业。有的采取土壤样本，有的采集植物样本，有的采集水样，有的勘探地质地貌，从坡底到坡顶都有科考队员忙碌的身影。

我知道，有几位队员还在经受着高原反应的折磨，本不应该剧烈活动或者攀爬高坡的，但每位队员分工明确，各负其责，基本上一个萝卜一个坑，因为队员们大都是不同专业的学者，领域不同，很难请别人代劳。因此，我们的科考队员们哪怕是冒着虚汗、忍着头疼，也在坚守岗位、坚守职责，既有分工又有合作，全力以赴确保科考工作顺利进行。傍晚收工的时候，有几位队员显然是感觉到了疲惫，连晚饭也没有胃口吃，但眼看着完成了预定科考任务，他们又很欣慰，振作起精神参与当天的科考小结会。野外考察不容易，海拔四五千米的青藏高原上的科考作业尤其辛苦，向你们——青藏高原的青年科考工作者们致敬！

◎深入青藏高原腹地

离开昌都，继续西行，越来越接近西藏自治区的腹地。藏北高原自然环境愈加原始。索县、丁青县、那曲市各地，已经没有自然生长的树木。藏区民居也呈现出另一种风貌。

川北、川西北藏区以及藏东（昌都、江达等）藏区一般称为前藏，居民住宅美观、整齐，多为砖石结构楼房。过了昌都向西行，那曲以西以南的藏区一般称为后藏，村庄面貌与前藏有较大的不同。丁青县、索县等地农牧区藏民的房舍明显老旧，多为低矮的平房，甚至一些村落还是低矮的土坯房（与我1990年在新疆农村见到的农牧民房舍类似）。由此可见，即使藏区人们全部脱贫了，后藏群众的人居理念、审美意识以及居住环境仍需要时间加以尽力提升，特别是形如贫民窟的牧民住宅亟需改善。有过藏区考察经验的科考队员告诉我，居住在这些土坯房中的牧民并非真正的穷困，他们的家产甚至可以说是富裕，往往拥有几百头的牛羊牲畜。这些畜群价值不菲（这从牧民家门口基本上都有摩托车，许多人家还拥有小轿车可以看出），但为千百年的生活习俗及生活理念所限，许多人对更文明、卫生、丰富多彩的现代化生活还缺乏明确的认识和追求。

即使在县城，居民仍多数脸色黝黑，穿着朴素的藏袍。在如此恶劣的自然环境中，藏民们世代驻守在祖国西南边陲这块辽阔的疆土，这种坚守本身就给我们的国家、给中华民族大家庭做出了巨大的贡献。习近平总书记提出的"治国必治边、治边先稳藏""依法治藏、富民兴藏、长期建藏、凝聚人心、夯实基础""加强民族团结、建设美丽西藏"的边疆治理战略思想确为真知灼见！

抵达拉萨前最后一天的行程，滚滚车轮下的道路是典型的高原顶部道路——天路！路面平坦、舒缓，头顶上蓝天白云，视线所及全是青青草场和群群牛羊，远处戴着雪帽的山尖在耀眼的阳光下熠熠生辉。此情此景，一首优美的旋律便萦绕在我们的耳边：

是谁带来远古的呼唤/是谁留下千年的祈盼/难道说还有无言的歌

还是那久久不能忘怀的眷恋/哦/我看见一座座山一座座山川/一座座山川相连/呀啦索/那可是青藏高原

是谁日夜遥望着蓝天/是谁渴望永久的梦幻/难道说还有赞美的歌

还是那仿佛不能改变的庄严/哦/我看见一座座山一座座山川/一座座山川相连/呀啦索/那就是青藏高原/呀啦索/那就是青藏高原

◎走进阳光之城

自那曲市折向南行，沿国道109（青藏线），经当雄县城、羊八井镇、拉萨市堆龙德庆区，晚上9点多钟抵达拉萨市住处。从酒店窗户向外看去，拉萨河两岸灯光璀璨，远处高地上坐落着雄伟、肃穆的布达拉宫，在星光、灯光的辉映下，散发着神圣的光芒。自己在心里默默地说：扎西德勒，拉萨！扎西德勒，布达拉宫！俗谚说"不到长城非好汉"，套用一下，"不见布达拉宫非入藏"。阳光之城，我来了，我顶着满天的星光赶来了！久久地注视着远处散发着光芒的布达拉宫，一路行来的疲劳和高原反应似乎也被一扫而空。

拉萨市海拔3650米，坐落于拉萨河谷中，拉萨河横穿市区，主城区在拉萨河北岸，著名的布达拉宫基本上位于市区中心位置。在拉萨的两天里，阳光灿烂，碧空如洗，天空的颜色是在内地基本上难以见到的天际蓝——蓝得纯净，蓝得彻底，蓝得令人心旷神怡！利用一个下午的时间，怀着虔敬的心情登上布达拉宫。布达拉宫位于拉萨市中心的红山上，最高处海拔3770米，是世界上海拔最高的古代宫殿。相对高度约180米，由红宫、白宫两大部分组成，红宫居中，白宫居红宫两翼，红白相间，群楼重叠，是集宫殿、城堡、陵塔和寺院于一体的宏伟建筑。从布达拉宫对面的广场正面观察，建筑尤显高耸、壮观，令人油然而生崇敬之意。红宫主要用于供奉佛神、处理宗教事务。红宫内有安放前世达赖遗体的灵塔。在这些灵塔中，以五世达赖的灵塔最为壮观。白宫是达赖喇嘛生活起居和政治活动的主要场所。布达拉宫收藏和保存的大量历史文物有佛塔、塑像、壁画、唐卡、经文典籍，还有表明历史上西藏地方政府与中央政府关系的明清两代皇帝封赐达赖喇嘛的金册、玉册、金印以及金银器、玉器、瓷器、珐琅和工艺珍玩等。宫殿内烛火摇曳，香烟缭绕，充溢着浓郁的宗教气息。如果说北京故宫给人的感觉是万国来朝、君临天下的威仪，布达拉宫给人的感觉则是超越世俗、感悟生命的神秘。

◎ 汉藏一家亲——功德圆满的西行之旅

追溯历史，提及西藏，人们总会想起唐代的两次和亲——文成公主、金城公主远嫁吐蕃。文成公主与松赞干布的故事广为流传。据此改编上演的大型历史实景剧《文成公主》就成为拉萨文旅活动的一个重头戏。

文成公主于大唐贞观十五年（641）入嫁吐蕃，与松赞干布成亲，开启了汉藏民族间长达1000多年的交流与互动。史籍中对于公主入藏路线语焉不详，艺术想象则填补了这一空缺。实景剧《文成公主》的场面是我所见过的实景剧中场面最为宏大的，大唐天子在大明宫送别公主、公主入藏之路的艰辛坎坷、逻些（拉萨）城中的欢庆，依托连绵群山的环境布景，加之演员阵容庞大，令观众感到震撼。

文成公主远嫁他乡，从其个人角度来看，或许有难以割舍的思乡之苦，有背井离乡的生活不适，但放在民族交流的大背景中来看，她入嫁西藏则树立起了汉藏交融的不朽丰碑。剧中对公主的艰难旅程做了非常生动的表现，大雪纷飞，人马不前，历尽千辛万苦，但一路上留下了许许多多动人的传说：日月山摔镜，倒淌河回流，龙羊峡获佑，甲萨岗播种……她带来了大唐文明的种子，给藏区人民带来了幸福生活，成为藏族同胞敬仰的大慈大悲、救苦救难的"绿度母""菩萨娘娘"的化身，被藏区民众视为女神。文成公主的西行，搭起了汉藏一家亲的桥梁，雪域高原从此不再遥不可及，吐蕃民众从此开始心系中土。

　　遥想千年前的和亲盛事，我们总是情不自禁浮想联翩：今天的我们，进藏如探亲，汉藏如一家，都是拜文成公主的天路之行所赐。如果公主在天之灵能看到今天汉藏同胞们欢洽幸福的生活，定会感到无比欣慰，感到自己的西行之旅功德圆满！

羊卓雍措

⑯ 科考感悟

◎ 王明道

这次科考，是我第一次入藏，也是第一次参与我校科考队的考察活动。作为一名非地理学专业的门外汉，基于我自身的观察和思考，偶有感触、感想，在当天入眠之前，忍着高原反应带来的困扰，以随笔形式作了记录，权且作为自己西藏之行的一点点注脚罢。

◎ 都江堰治理理念的现代启示

科考第二天，从绵阳出发，途经什邡、彭州、成都市第二绕城高速，中午抵达都江堰。当天科考队重点考察了都江堰水利工程。岷江水流湍急，水体非常浑浊（连日的降雨所致）。江水流至都江堰水利"枢纽"，水面一分为三，主体在最北侧，分流由宝瓶口降低水位后，挟带着大量冲积物（泥沙及青藏高原的各种矿物质）流入成都平原，经年累月营造出肥沃的"天府之国"。另在"离堆"与堰体间有一道漫溢水流，可减轻分流的泄洪压力。

当年李冰父子的工程理念是：用最简单的举措处理最复杂的事物。都江堰即依此理念修筑，"深淘滩，低筑堰"，收到了非常显著的效果，泽被后世两千余年。这种工程理念非常可贵！想当年，李冰仅为蜀郡太守这样的地方官，却能仅以地方力量（且地处西南"蛮夷"之地），利用地形地貌，因势利导，以不算太大的工程量，造就了灌溉千里的伟大工程，值得今人深思和借鉴。治水如此，举一反三，小到治校，大到治国，高层次的治理境界均应为大道至简！

◎解决老问题的新思路

途经映秀镇、汶川县城（海拔1300米），近距离观察到此处山体时有滑塌，且岩石风化非常严重，甚至有的山坡成为碎石坡。这种地貌应为2008年遭受特大地震损失惨重的地质方面的因素吧，同时也是长期以来这一带交通干道一遇阴雨天就事故频出的主要因素。大震之后，国家彻底放弃了过去那种对国道修修补补的思路，治病除根，新修建都汶高速（成都至汶川）、汶马高速（汶川至马尔康），彻底改变了阿坝州的交通状况。

从马尔康出发，沿国道317（川藏北线）向西藏进发。全天天气晴朗。当天路程（马尔康至德格县全程约450千米）沿途塌方点有五六十处，塌方点或落石点主要在峡谷路段，所幸均无大碍。四川境内的山区国道，每年夏季事故不断，影响交通，需耗费大量人力财力维修。由此想到国家能否采取更为积极、更为有效的措施加以解决。汶川地震后，改弯曲的盘山路国道为较为平直的直通高速，彻底解决了该地区的交通问题，为山区国道的改扩建提供了一个好的借鉴方案。

◎自然科学人才培养的几点启发

一是对青藏高原及时进行综合考察非常必要。青藏高原对于我国而言，在地理、地质、水文、气象等方面都有极为重要的意义，任何一处的疏忽所造成的损失都可能难以估量，因此，必须时时刻刻绷紧对青藏高原进行保护这根弦。特别是在经济社会高速发展的今天，大工程、大项目日益增多，及时进行科学考察，对重大工程项目对于青藏高原的影响进行及时监测、评估，提出相应的对策，便显得尤为重要。我校地理科学与旅游学院董治宝教授团队主动对接国家战略需求，积极承担本次科考任务，并借助科考活动开展科学研究与人才培养，真正做到了把科研论文写在祖国大地上。

二是科研活动必须深入一线，必须摈弃急功近利的思想，不怕吃苦，俯下身子。此次科考，既有50多岁的资深专家，也有刚进入研究生阶段的青年学生，还有几位女同志，一路行来，大家克服高原反应以及野外行路所带来的种种不适与不便，每到一处作业点，各司其职，既做好本职工作，又发挥团队协作精神，圆满完成各项预定科考计划，甚至因为深入田野而发现了一些新的研究课题。通过这次亲身体验，我感觉作为一名科研工作者，特别是自然科学领域的研究者，深入一线获得第一手资料是必不可少的。

三是启发我们认识到高层次人才的培养离不开高水平科研平台的支撑及重大科研课题的引领。目前，我国研究生教育的招生规模已经迈过年度招生过百万的新阶段，在国际形势日趋紧张和复杂的这一时期，国家对研究生教育提出了新要求：必须培养出能适应国家战略需求及经济社会发展亟需的各种高层次创新型人才。为此，国家召开了史无前例的全国研究生教育工作大会。本次科考活动，我欣喜地发现了几位博士、硕士研究生同学的身影，他们做事认真负责，积极主动，勇于提出新问题、新见解。我相信，通过这次科考，对于这几位研究生同学（特别是一位研一女同学）的学业，一定会起到巨大的促进作用。推而广之，对于我校研究生，特别是对于理工科学术型研究生及专业学位研究生而言，学校应该大力提倡和鼓励导师通过科研课题的引领提高培养质量，加强实习实践锻炼，健全和完善相关制度和机制，加大对实习实践活动的支持力度，努力培养出热爱祖国、努力钻研、勇于探索、敢于担当的高层次拔尖创新型人才。

⑰ 破译青藏密码

◎ 陈国祥

7月底，西安早已酷暑难耐。得知自己要随陕西师范大学第二次青藏高原综合科学考察分队进藏科考，甚是激动。看着眼前的科考路线，我们要从关中平原出发，先去往成都平原，再西行上川西高原逐步踏入青藏高原的怀抱，脑海中满布的是那一颗颗镶嵌在高原的明珠——圣湖、虔诚信徒磕长头式的拜佛、圣城拉萨街头的奶茶、藏族阿妈劳作的身影……想象着这一幕幕唯美的画面，憧憬着我们即将踏上的这片神圣土地。

◎ **青藏秘境　心之所向**

素有"世界屋脊"之美誉的青藏高原，是中国的高地，亚洲的脊柱，地球第三极，其平均海拔在4000米以上。它西起喀喇昆仑山脉，东至横断山脉，北起昆仑山，南抵喜马拉雅山脉，其广袤的身姿跨越了我国西藏、青海、新疆、四川、云南五省区，广布240余万平方千米，约占我国领土面积的1/4。从地图上看，青藏高原宛若一只矫健的鸵鸟，头部为著名的帕米尔高原，昆仑山、阿尔金山和祁连山是其宽大的背部，喜马拉雅山脉是胸脯，而横断山脉是腿。它正迈开年轻的脚步往前冲刺，彰显了无限的活力（世界上最年轻的高原）。

对青藏高原的最初了解来自中学地理课本。记得中学地理老师曾讲道：号称"世界屋脊"的青藏高原在地质历史上曾是一片汪洋大海，经过漫长的地质历史演变才逐渐隆升到今天这样的高度。后来有了那首火遍大街小巷的歌曲《天路》，通过歌词和电视里的画面了解到那条世界上海拔最高、线路最长的高原铁路的来之不易，我对高原的高寒又多了一层了解。再后来，随着知识和阅历的增长，才逐渐了解到青藏高原不仅仅是世界上平均海拔最高的高原、世界上最年轻的高原这么简单，其年轻的地质历史、活跃的新构造运动、剧烈的环境变迁、对大气环流的作用、独特的生物区系、丰富多彩的自然景观及其对周边地区自然环境和人类活动的深刻影响等等一直被中国乃至世界科学家所瞩目。

◎ "亚洲水塔" 名副其实

以前，总能在许多学术报告中听到"亚洲水塔"这个词。但一直以来，我对于"亚洲水塔"这个概念的理解并不是很透彻。在出发前我查阅相关资料后才了解到青藏高原地区的冰川、冻土、积雪、湖泊、河流等均是"亚洲水塔"的重要组成部分，且不同部分间保持着动态平衡，以此来维持"亚洲水塔"的水循环。而关于"亚洲水塔"的概念，著名院士姚檀栋是这样阐释的：青藏高原地区约有2万多条冰川，也是亚洲10多条大江大河的源头，是除南极、北极之外最大的

青藏高原亚洲水塔：① 水汽团；② 湖泊；③ 冰川；④ 河流

冰储量地，因此被冠以"亚洲水塔"的美誉。直到后来我们踏上高原的那一刻，我才真正明白"亚洲水塔"在中国乃至世界上占有举足轻重的地位。

7月26日，我们到了科考第一站——都江堰水利工程。作为世界水利工程的鼻祖，它有效解决了岷江下游地区的洪涝灾害问题。岷江是长江上游地区的支流，而长江则发源于青藏高原唐古拉山脉。后来我们一路所跨越的雅砻江、金沙江、澜沧江、怒江、雅鲁藏布江等大江大河均发源于青藏高原，有些河流注入我国的渤海、东海和南海，而有些国际河流则注入孟加拉湾、印度洋等。由此可见，以青藏高原为中心，这些河流呈放射状向四周扩散，为下游地区带来了丰富的水资源。

此外，我还了解到青藏高原地区分布有1000多个湖泊，其总面积占了我国湖泊总面积的一半。例如，我国最大的湖泊——青海湖，世界上海拔最高的咸水湖——纳木措，西藏第一大湖泊——色林措，中印边境上的湖泊——班公措等。这些湖泊的形成无一不受印度板块和欧亚板块碰撞的影响，而如今正镶嵌在青藏高原的巨大怀抱中并接受着她的庇护和滋润。

冰川，作为天然的固体水库，一直以来是人类赖以生存的"生命之水"。由于自己从小就生活在祁连山脚下，对于冰川景观早已司空见惯，所以对冰川景观并没有太多兴趣。然而，青藏高原随处可见的冰川犹如由天而下的巨大银幕，冰川两侧巍巍雪山、变幻奇特突兀的雪峰险峻嶙峋，我的内心一下子被大自然的鬼斧神工深深震撼。那洁白如玉的冰舌、形似蚌壳的冰斗、围椅状洼地中的冰川湖等冰川地貌，让我们除了惊叹还是惊叹。一旁的董老师给大家耐心地讲解冰川地貌的形成和发育，我也赶快挪过神来洗耳恭听，此时心里真懊悔出发前没查阅有关青藏高原冰川地貌方面的知识。我们这一路很可能遇到许多网红冰川，例如：40号冰川——最"网红"冰川，普若岗日冰川——世界第三极，米堆冰川——最易接近的冰川，卡若拉冰川——西藏三大大陆型冰川之一，廓琼岗日冰川——距离拉萨最近的冰川，来古冰川——世界三大冰川之一，绒布冰川——世界最高峰流下的泪，曲登尼玛冰川——金刚石太阳神塔。

行程还未至半，"亚洲水塔"的威名早已撼动我的内心。然而，近50年来全球正经历前所未有的升温，以青藏高原为核心的"第三极"地区当然也不例外。查阅资料后发现，青藏高原地区每10年升温幅度达0.3—0.4℃，其升温幅度达到同期全球其他地区平均值的2倍，因此"亚洲水塔"正遭受巨大的危机，主要表现为青藏高原地区的冰川大面积退缩，湖泊数量明显增多，河流径流量也呈现了不同程度的增加。"亚洲水塔"的变化可以通过大气圈和水圈产生广域效应，进而和南极、北极变化协同联动，影响全球气候变化和水循环，因此"亚洲水塔"的一举一动备受关注。此次科考任务中有关大型水电站的建设及其生态问题与"亚洲水塔"也有直接联系，因此，此次科考任务的重要性不言而喻。

◎玉龙铜矿　妙手回春

青藏高原地区的土层很薄，由于高海拔和寒冷的气候特性，土层极易因冻融作用而变得松散。土层遭到破坏后，极易发生滑动和错落，恢复困难。此次考察中，我们详细调查了昌都市江达县玉龙铜矿、那曲—拉萨高速公路、旁多水利枢纽工程等大型水利工程、矿区及公路地区存在的生态问题。我们对多个地方草甸土壤层厚度调查后发现其厚度仅仅只有10—25厘米，土层下部则为碎屑砾石层。以玉龙铜矿为例，我们了解到矿区很注重开采过程中的生态环境问题，其对于道路两边生态的修复方法值得借鉴和推广。其一，修建道路时提前移植完整草皮并加以保护，待道路修建完毕后用于路坡生态恢复。其二，对于面积较大区域的生态修复，主要通过种植新的高寒地区植被物种。玉龙铜矿这种较为成熟的生态恢复模式为青藏高原其他矿业地区提供了很好的范

青藏高原生态脆弱的表现：①② 土层极薄；③ 泥石流；④ 草地沙化

例，我想这也是一个良心企业坚持经济与生态并重，坚持可持续发展道路的最好体现。

西藏作为国家重要的生态安全屏障，必须要坚持生态保护第一，绝不能以牺牲生态环境为代价发展经济。习主席曾讲道："坚持人与自然和谐共生，必须树立和践行绿水青山就是金山银山的理念，坚持节约资源和保护环境的基本国策。"青藏高原地区经济的发展离不开水电站、道路等基础设施的建设以及开矿等生产活动，而这势必会对局部区域的土壤层有所破坏，进一步则会对其地表或地下水的运移、植被或物种的发育及迁移造成一定影响。因此，不论采取何种方式来恢复周边生态，要尽最大可能使其恢复到原貌，做到生态的可持续发展。

◎ 圆梦青藏　盼续前缘

8月底，我们顺利结束科考任务回到西安。这一路，我们虽经历了高原反应、暴雨、滑坡、地震、泥石流、塌方等各种惊险与刺激，但我们用自己的身体和眼睛用心感受到了青藏高原的神秘和雄伟，用我们专业的角度和知识更加深入地了解和掌握了破译"青藏密码"的方法，这不仅锤炼了每个人的意志，也启迪我们对于科学问题的思考和理解。我想此次科考的开展及其成果不仅对于青藏高原生态环境变化机理的把握和生态安全屏障体系的建立具有重要作用，而且对于青藏高原的可持续发展和全球生态环境的保护也会产生深远影响。青藏高原这本厚厚的书，正在被一页页地翻开，藏地的神秘面纱仍需一代代科学家慢慢去揭开。期待下一次的青藏科考！

⑱ 科考记略

◎ 薛 亮

回顾这26天的科考工作，深感收获颇丰，不虚此行。这是我第一次去西藏，并且还是肩负着科考这一光荣使命去的，诸多经历还在脑海中浮现，至今记忆犹新。有出征前的向往又忐忑的心情，有科考期间团队召开会议的场景，有实地采样时科考队员们团结协作的场面，有现场聆听董老师讲解现象背后蕴藏的科学问题的情景，有我自己在不同环境中操控无人机进行航拍时的经历……

出征前的那几天，西安是连续的阴雨天气。7月25日凌晨，还下着中雨。但天公作美，在早上8点举行出征仪式前10分钟，刚好雨停了。我们都相当高兴，董治宝老师也开心地给我们说："其实啊，我在到长安校区的路上就预言了，出征仪式肯定不会下雨，看我说得准吧，这是好兆头，说明我们此次科考一定能圆满成功。"出征仪式准时开始，学院领导和办公室老师到场为我们送行，表达了学院的关心和祝福。在举行简单的出征仪式后，我们科考队就整装出发了。5辆越野车依次有序前进，从西高新入口上西安绕城高速公路，向汉中方向前进。在我们出发后不久，又下起了小雨，仿佛在为我们送行。看着车窗外的雨景，思绪万千，内心既充满着对雪域高原的好奇之情，又深藏着对高原反应的畏惧之感。毕竟是第一次上高原，并且平日里运动量小，不常锻炼身体，担心自己在半路上就吃不消，给队伍拖后腿，心里不免有些忐忑。当然，使命感还是满满的，因为这样的机会实在太难得了。我牢记习近平总书记给予我们参加科学考察的全体科研人员、青年学生和保障人员的勉励："要发扬老一辈科学家艰苦奋斗、团结奋进、勇攀高峰的精神，聚焦水、生态、人类活动，着力解决青藏高原资源环境承载力、灾害风险、绿色发展途径等方面的问题，为守护好世界上最后一方净土、建设美丽的青藏高原作出新贡献，让青藏高原各族群众生活更加幸福安康。"

我就在这样的复杂心情中跟着科考队一同前进。直到第3天到达德格后，和同行的研究生杨文慧同学聊起上高原的情况时，才得知她在此次出发一周前就开始吃红景天胶囊了，据说这可以预防高原反应。她给了我一盒，我就开始吃了，并分享给同车的王明道和王浩二位老师及司机涂师傅。在之后的几天里，每天早上坚持吃。还是有高原反应了，胸闷、气短、脑袋涨，虽然不知道是否真的有效，但不可否认的是，吃了红景天胶囊，可以寻求心理安慰，缓解由于内心紧张导致的高原反应。哈，看来心理暗示和引导，也是有效果的。总之，现在回想起来，不必过于担心高原反应，只要平时注意适度锻炼，去西藏路上做好自我防护即可。

我们连续赶路，每天大约8个小时在车上，终于在第3天抵达四川省德格县。根据百度百科得知，德格县隶属四川省甘孜藏族自治州，位于自治州西北部，地处东经98°12′—98°41′、北纬31°24′—32°43′，东与甘孜县毗邻，南与白玉县相接，西与西藏江达县隔金沙江相望，北与石渠县接壤，地处金沙、雅砻江上游。县境总面积11025.24平方千米，川藏公路国道317线贯穿县城及部分区乡。雀儿山山口海拔5050米，有"川藏第一高、川藏第一险"之称。县城距州府康定588千米，距省会成都954千米。德格县是一个以牧业为主的县，著名景点有中国三大藏传佛教印经院之首的全国重点文物保护单位德格印经院、格萨尔王故里阿须草原。

索县是我以前不曾听过，也不曾关注过的一个地方。因其海拔较高，直至今天，我仍然记得那天在索县的遭遇。我高原反应特别明显，感觉像是喝醉了酒，脑袋是涨的，晕乎乎的，意识也不是特别清醒，躺在床上仍然感到胸闷、气短、心跳加快。当晚还经历两次地震，林芝发生4.1级地震，那曲市比如县（与索县相邻）发生3.7级地震。一晚上昏昏沉沉的，没有睡好，这是此次科考途中，高原反应最明显的一天。根据百度百科得知，索县位于藏北高原与藏东高山峡谷的结合部，地处怒江上游的索曲河流域，为那曲市"东三县"之一，东部与昌都市丁青县接壤，西南面与比如县及昌都市边坝县毗邻，北部与巴青县交界。

"天路七十二拐"，我以前只是听说，只有一个大致的概念，这次科考终于领略到了它的逶迤。根据百度百科得知，天路七十二拐是川藏线国道318的一段。它从海拔4658米的业拉山顶到2800多米的嘎玛沟，30多千米的公路落差达

天路七十二拐景点

1800多米，因坡陡、弯多、凶险而得名。这里环境恶劣，天气无常，地质结构复杂，自然灾害频发。它是全国有名的"魔鬼路段"，被有关专家称为"公路病害百科全书"。

董老师现场讲解爬坡沙丘

◎科学问题1：道路对生态的影响有何空间分布规律？

记得那是7月29日上午9时许，我们全体科考队员在当地对接工作人员的带领下，沿着国道317向西前往玉龙铜矿。沿途，经董老师提醒，我们注意到道路两旁植被覆盖的变化情况——呈现河谷地带覆盖较好而高海拔地带较差的特点。这样的现象反映了道路对生态的破坏存在空间差异性。经过董老师的讲解，结合我近几年的空间异质性研究，我觉得这个问题里面有大文章可做，至于植被具体的空间分布规律，还有待日后的定量化研究。

◎科学问题2：爬坡沙丘多位于高海拔地区，为何？

这是董老师给我们提出的又一个科学问题。此次科考，我们关注青藏高原地区沙漠的空间分布和形态特征，尤其是对爬坡沙丘这一特殊地貌展开了实地调研。爬坡沙丘为何多位于高海拔地区？查阅资料得知，是因为青藏高原属独特的高原季风气候，高寒干旱，相对于四周同高度的自由大气，冬季降温快，形成一个冷高压。气压以高原中部最高，向四周逐渐降低。在这样的季风环流作用下，逐步形成了分布在不同区域的爬坡沙丘。当然，这一论断还有待于日后进一步分析、论证和探讨。

⑲ 高原航拍记

◎ 薛 亮

在此次科考活动中，作为一名地信专业的教师，我承担了无人机航拍等任务。全程一共操控无人机航拍6次。

◎**第一次操控无人机航拍**

记得那是2020年7月30日，我们科考队继续前行，沿着国道317驱车赶往昌都市卡若区。下午5：05，沿途在昌都市卡若区拉多乡政府东北约650米处，我们科考队员开展实地采样工作。自然地理学和生态学专业的老师和同学进行生态样方调查。看着天气状况还好，虽然地形情况较为复杂（河谷地带，周边树木较高），我决定首次"放飞"无人机。我和博士生陈国祥一起把无人机的4个旋翼安装好，打开无人机电源和遥控器电源，按照规范操作步骤对无人机进行地磁校准，做好起飞前的各项准备工作。我小心翼翼地按照外"八"字拉下遥控杆，无人机的旋翼已启动并高速运转。我再小心翼翼地松开遥控杆，随后轻轻推动左遥控杆（控制升降方向），无人机缓缓离开地面，起飞升空。看着"小白"（无人机是白色的）已顺利到达一定的高度，我试探着推动右遥控杆（控制水平方向），让它飞向做生态样方区域的上空，并试着调整摄像头角度，悬停在空中开始拍照和摄像，从空中记录科考的场景。天气多变，无人机起飞没多久就刮起风，下起小雨来。"小白"已经在空中摇摆，顶着风继续拍照。我们发现遥控器屏幕上的画面因无人机抖动而不清晰，出于仪器的安全考虑，就赶紧遥控"小白"返航……终于平稳着陆，我悬着的心也终于放下了。此时的心情也是相当的激动，第一次在科考途中操控无人机航拍顺利，这良好的开端是成功的一半。

科考途中第一次操控无人机航拍

无人机航拍生态样方调查工作

◎娴熟地操控无人机航拍

经过前几次对无人机的操控，我已积累一些经验。2020年8月5日，我们科考队全体成员前往旁多水库。经工作人员允许，我们在水库前"放飞"无人机，对水库进行了全方位、多角度、无死角的空中拍摄，获取了大量珍贵的视频和照片，效果非常好。显然，对无人机的操控我已经是"驾轻就熟"了。从获取的视频和照片来看，旁多水库建成后，对周边的生态影响较小，这主要归功于施工方和管理局近年来关注生态恢复，并实施修复工程。

无人机航拍旁多水库

无人机航拍罗布莎铬铁矿区

◎第一次基于RTK的无人机航拍

2020年8月10日，我们驱车到了佛掌沙丘。在此处，我们首次尝试建立基准站，采用RTK技术进行无人机航拍。首先，我们选了一个相对平坦的区域，在地面上寻找到一个相对显眼的点位作为基准站的中心点，然后把三脚架打开，放置到该位置，通过调整使得三脚架的中心点和地面点位垂直重合。随后，在三脚架上放上RTK设备并固定好，开启设备电源，做好无人机无线连接。各项准备工作做好后，在遥控器上设定了飞行区域和路线，点击开始工作按钮，无人机自动起飞到达指定区域的上空开始航拍工作。完成任务后，自动返航降落，稳稳地着陆在出发时的地面位置。

①

①② 无人机航拍佛掌沙丘

◎操控无人机的两次意外

　　第一次意外发生在旁多水库。我和博士生陈国祥，按照以往的合作方式，一起安装好无人机的旋翼，并做了地磁校正后，我操控无人机顺利起飞。刚升空约10米，我按键拍照，但竟然没有提示音，正当疑惑不解时，发现遥控器的屏幕上显示"没有存储卡"，这才恍然大悟，原来昨晚导出视频和照片后忘记把存储卡插回无人机中。于是，他返回车里取卡，我操控无人机降落。就在降落到离地3米的高度时，我忽然发现从无人机上飞出一块白色的东西。等那东西掉落地面，定睛一看，原来是一个旋翼在高速旋转中脱落了。此时，无人机还好，平稳着陆，有惊无险。我俩进行了反思，旋翼在安装时是卡上去的，如果卡得不结实，在高速运转过程中就会松动甚至脱落。以后再安装时，一定要检查检查再检查，确保卡到位，不能再出现这样的意外事故。这次意外使我们对无人机的设计者肃然起敬，因为用4个旋翼，其中3个旋翼就可以构成一个平面，保证了无人机的稳定性，增加第4个旋翼，起到了辅助稳定和保险的作用。

第二次意外发生在康定草原。随着无人机工作频次的增多，再加上当时的气温较低，电池的续航时间由最初的30分钟缩短到了20分钟左右。此次放飞无人机，主要是拍摄康定草原的风景。我们在一处航拍后，驱车返回到国道318途中还进行了科考车队行进中的拍摄。在距离国道不远处的花海美景处再次停留，期间，人工操控无人机降落着地，更换了电池后再次起飞，继续航拍美景。大约20分钟后，遥控器提示无人机电量不足，需要返航，于是赶紧寻找合适的着陆点以备无人机降落。正当我们准备让它降落时，它自己忽然垂直升高，距离地面越来越远。我赶紧拉下遥控器左侧操控杆，命令它降落。此时，遥控器的右侧操控杆竟然已失灵，并发声说"电量不足，需要返航"，我大吃一惊，心想难不成要在临结束时出现无人机损毁的惨剧。无人机失控，离我们而去，独自向我们去的上一个地点迅速飞去。此时，我极力保持冷静，灵机一动，想到它既然要返航回到起飞点，那就把它的飞行高度增大，确保不会碰着周围的小山丘和高压线，这样就能大大降低它碰撞到障碍物而损毁的可能性。说时迟，那时快，我火速向上推遥控器的左遥控杆，使得它的高度在50米以上。眼睁睁地看着它飞得越来越远，我们无奈……突然，五号车的师傅迅速发动车，开足马力，朝着无人机飞往的方向追去。我们都焦急地等待着，内心祈祷一切安好。没过多久，就在群里看到司机师傅发了小视频，无人机安然无恙，妥妥地降落到起飞点。经过这次意外，我又长了见识，无人机有记忆功能，就算中途更换电池，它还是会在电量不足的情况下返航到最初起飞点。

光阴似箭，26天也是弹指一挥间。回顾过往，值得回忆的场

①② 无人机降落过程中一个旋翼脱落

景举不胜举，沿途的风景和人物美丽如画，祖国的大好河山美不胜收，山美，水美，人更美。耳边再次响起那首歌曲："我和我的祖国，一刻也不能分割。无论我走到哪里，都流出一首赞歌……"

在此次科考活动中，作为一名地信专业的教师，我在完成无人机航拍等任务之余，还协助其他专业的老师完成采样工作，并互相交流学习。特别是非常有幸聆听董老师的现场讲解和科学指导，使我对青藏高原的自然地理和人文地理等诸多方面有了全面的认识和思考，开拓了自己的学术视野，为日后对青藏高原这一热点研究区开展研究工作打下了坚实的基础。期待再去青藏高原科考，那时将是在一定的研究基础上带着研究问题探究青藏高原，必然会有更高的站位、更多的思考、更大的收获。

无人机失控后自动返航到起飞点

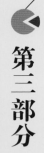

第三部分

科考掠影

科考车队（董治宝摄）

讲

严规

治　守纪律

钜　正风气

写在大地上的标语（董治宝摄）

地球的史书（董治宝摄）

布达拉宫的背影（董治宝摄）

生长于海拔4000米的豌豆（董治宝摄）

青藏高原上的主要农作物青稞（董治宝摄）

林芝丹娘佛掌沙丘一隅（董治宝摄）

雅鲁藏布江河谷的农田和村庄（董治宝摄）

雪山才露尖尖角（董治宝摄）

青藏高原上的新农村（胡光印摄）

工作时间（胡光印摄）

一群鸟飞过一对姉妹湖（胡光印摄）

高原如画（刘小梁摄）

雅鲁藏布江河谷的沙丘(刘小梿摄)

尼洋河风光（南维鸽摄）

天上人家（南维鸽摄）

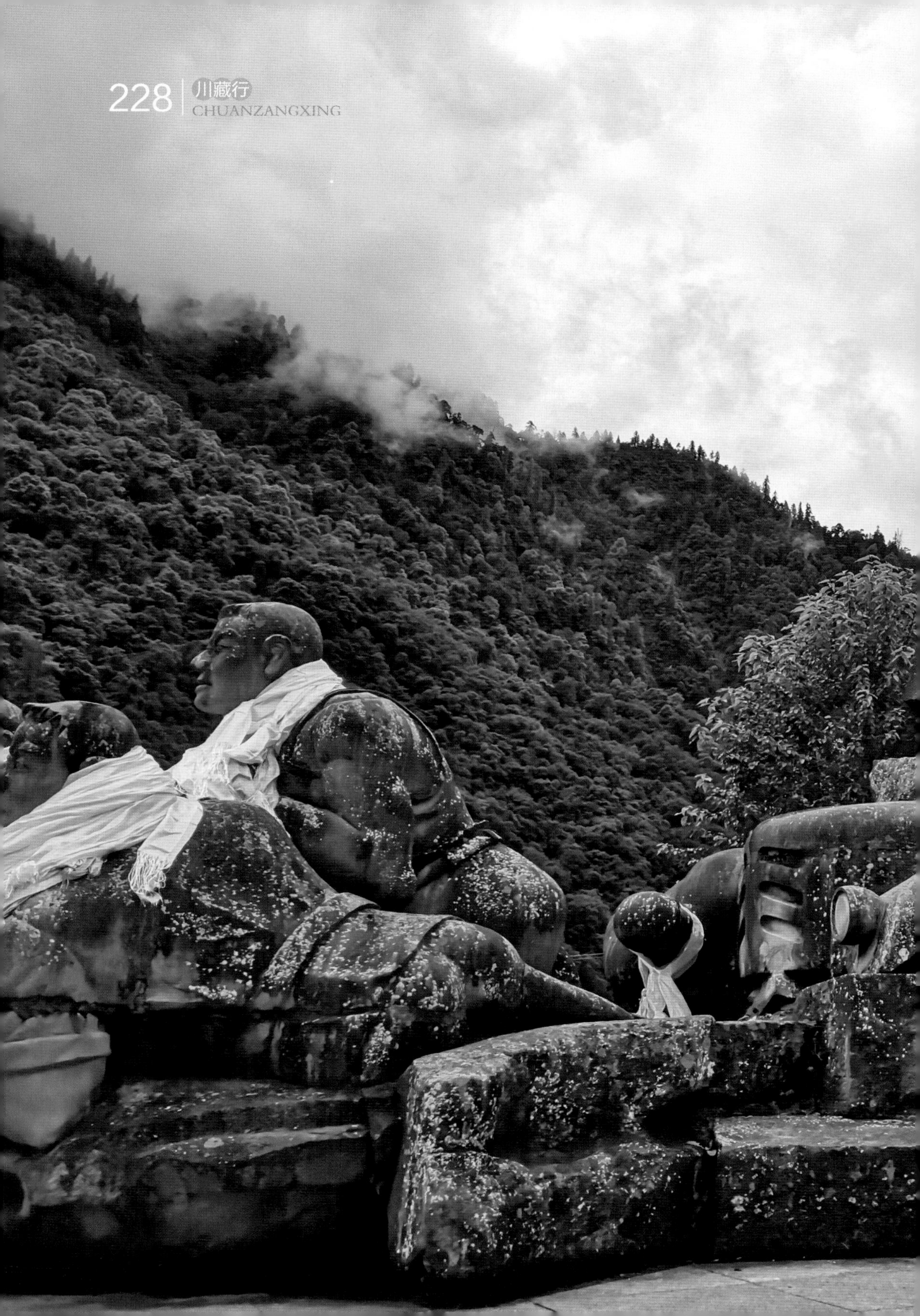

川藏线十英雄纪念碑（肖锋军摄）

鸣　谢

感谢北京师范大学和中国科学院地理科学与资源研究所的大力支持！

感谢西藏自治区科技厅的大力支持！

感谢山南市、江达县、曲松县政府各部门的协助！

感谢西藏玉龙铜业股份有限公司、西藏江南矿业股份有限公司和旁多水利枢纽管理局的协助！

感谢陕西师范大学各部门的积极配合与协作！

感谢陕西师范大学地理科学与旅游学院各位领导的大力支持！

感谢科考队各位优秀驾驶员的辛勤工作和无私奉献！